"1+X"
（第2版）
幼儿照护实训工作手册(中级)

主　编　郭佩勤　韦桂祥　黄珍玲
副主编　黄小萍　罗　莹　周　娟　黄丽娥　马文斌　黄正美
编　者　郭佩勤（百色市民族卫生学校）
　　　　韦桂祥（百色市民族卫生学校）
　　　　黄珍玲（百色市民族卫生学校）
　　　　黄小萍（百色市民族卫生学校）
　　　　罗　莹（百色市民族卫生学校）
　　　　周　娟（湖南金职伟业母婴护理集团公司）
　　　　黄丽娥（广西百色农业学校）
　　　　马文斌（百色市民族卫生学校）
　　　　黄正美（百色市民族卫生学校）
　　　　石小英（百色市民族卫生学校）
　　　　梁晏宁（百色市民族卫生学校）
　　　　王丽艳（百色市民族卫生学校）
　　　　农秀全（百色市民族卫生学校）
　　　　李翠琼（百色市民族卫生学校）
　　　　韦艳娜（百色市民族卫生学校）
　　　　张雪丹（百色市民族卫生学校）
　　　　周玉娟（百色市民族卫生学校）
　　　　韦柳英（百色市民族卫生学校）
　　　　黄美旋（百色市民族卫生学校）
　　　　陈小莲（百色市民族卫生学校）
　　　　张明仙（百色市民族卫生学校）
　　　　黄兴华（百色市民族卫生学校）
　　　　祝美琴（广西百色农业学校）
　　　　周珍妮（广西百色农业学校）
　　　　梁月兰（广西百色农业学校）
　　　　农彩华（广西百色农业学校）
　　　　王炎红（广西百色农业学校）
　　　　兰妮琼（广西百色农业学校）

U0282197

西安交通大学出版社
XI'AN JIAOTONG UNIVERSITY PRESS

图书在版编目(CIP)数据

"1+X"幼儿照护实训工作手册:中级/郭佩勤,
韦桂祥,黄珍玲主编. —2版. —西安:西安交通大学
出版社,2024.1
ISBN 978-7-5693-3642-9

Ⅰ.①1… Ⅱ.①郭… ②韦… ③黄… Ⅲ.①婴幼儿–
哺育–职业技能–鉴定–教材 Ⅳ.①TS976.31

中国国家版本馆 CIP 数据核字(2024)第 009782 号

"1+X"Youer Zhaohu Shixun Gongzuo Shouce(Zhongji)

书　　名	"1+X"幼儿照护实训工作手册(中级)
主　　编	郭佩勤　韦桂祥　黄珍玲
责任编辑	郭泉泉
责任校对	李　晶
装帧设计	任加盟

出版发行	西安交通大学出版社
	(西安市兴庆南路1号　邮政编码 710048)
网　　址	http://www.xjtupress.com
电　　话	(029)82668357　82667874(市场营销中心)
	(029)82668315(总编办)
传　　真	(029)82668280
印　　刷	陕西印科印务有限公司

开　　本	787mm×1092mm　1/16　印张 10.5　字数 159 千字
版次印次	2024 年 1 月第 2 版　2024 年 1 月第 1 次印刷
书　　号	ISBN 978-7-5693-3642-9
定　　价	56.00 元

"1＋X"证书制度被认为是新时代职业教育制度设计和职业教育人才培养模式的重要创新，是促进类型教育内涵发展的重要保障。发展婴幼儿照护服务是保障和改善民生的重要内容，事关婴幼儿健康成长，事关千家万户。我校按照《国务院办公厅关于促进3岁以下婴幼儿照护服务发展的指导意见》[国办发（2019）15号]，结合《国家职业教育改革实施方案》，围绕护理专业群建设的关键任务，以"1＋X"证书制度建设为切入点，实现"1＋X"书证融通，创新"1＋X"人才培养模式，推进"三教"（教师、教材、教法）改革，使"1＋X"证书制度能够真正落地，复合型技术技能人才培养目标能够达成，从而增强学生就业创业本领，提升学生技能竞争能力。

本工作手册依据教育部第三批"1＋X"证书制度试点项目幼儿照护职业技能等级证书标准，为安全防护、生活照护、日常保健、早期发展指导、发展环境创设5个模块21个核心项目逐一制订讲义，每个核心项目包括实操案例、学习目标、学习任务、知识准备（线上学习）、操作准备、操作流程和评价活动等内容。学校幼儿照护教师团队在《"1＋X"幼儿照护实训工作手册》第1版的基础上，结合护理专业教学实践，边总结，边调整讲义内容，重新修订每项核心技能讲义，拍摄和插入实践图片，录制配套实践视频，形成新的实训工作手册。本手册以职业院校学生为对象，突出宗旨特点，编写形式力求适合最新的学习理念，内容力求实用，语言通俗易懂，增加大量实践图片和配套视频，采用线上线下混合式教学方法，方便学生反复观看。

本工作手册由郭佩勤、韦桂祥、黄珍玲担任主编，由黄小萍、罗莹等28位编委共同完成编写及视频制作工作，最后由郭佩勤主审统稿。本工作手册以《"1＋X"幼儿照护实训工作手册》第1版为基础升级改版而来，借助信息化技术，赋予更加丰富的数字化教学资源，具有更强的实用性。

由于编者水平有限，本工作手册难免存在某些不足，诚望各位专家和同行不吝赐教，以便我们共同把职业院校"1＋X"幼儿照护培训工作做得更好。

郭佩勤　韦桂祥　黄珍玲

2023 年 11 月

Contents 目 录

模块一

安全防护

实训一 误食幼儿的现场救护

▷ **任务情境**

明明，男，3岁。暑假里的一天，妈妈带明明去看电影。在看完电影后回家的路上，明明说："我饿了。"妈妈看天色已晚，就带明明在路边的小吃摊吃晚饭。晚饭后回到家里，明明在看电视的时候，因为肚子痛大哭起来，紧接着出现恶心、呕吐等表现。妈妈对此焦急万分，不知所措。

任务：对于明明的情况，作为照护者，你应该如何处理？

▷ **任务目标**

1. 能说出食物中毒的分类。
2. 能识别食物中毒的表现。
3. 能正确实施食物中毒幼儿的现场救护。
4. 能做好幼儿食物中毒的预防。

▷ **知识准备**

1. 登录相关平台进行学习、模拟刷题。
2. 进入相关班级群并完成任务单。

▶ 任务实施

一、设施设备

照护床 1 张、椅子 1 把。

二、用物准备

幼儿仿真模型 1 个、温生理盐水 1 瓶、水杯 1 个、面盆 1 个(装呕吐物)、汤匙 1 支、纸巾 1 包、记录本 1 册、笔 1 支、手消毒液 1 瓶、垃圾桶 1 个(图 1-1)。

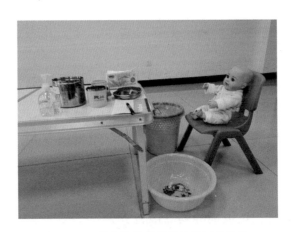

图 1-1　误食幼儿现场救护的用物准备

三、人员准备

照护者具备误食幼儿现场救护的相关知识和操作技能,着装整齐。

四、实施步骤

实施步骤见图 1-2。

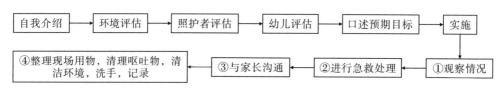

图1-2 实施步骤

▶ 具体操作流程（考试流程）

一、自我介绍

"尊敬的考评员老师好！我是××号考生，今天我考试的项目是误食患儿的现场救护。"

二、准备与评估

环境准备：环境干净、整洁、安全，温、湿度适宜。

自身准备：着装整齐、修剪指甲、去掉饰品、洗净双手。

物品准备：幼儿仿真模型、温生理盐水、水杯、纸巾、面盆、汤匙、记录本、笔、手消毒液、垃圾桶等物品准备齐全。

幼儿评估：明明和妈妈在路边摊吃了不干净的食物，回家后因为肚子痛而大哭，伴恶心、呕吐。幼儿目前生命体征平稳，意识状态清醒，有恐慌、害怕心理。

三、计划

"我的预期目标：①轻度食物中毒幼儿的症状得到缓解；②在对严重食物中毒幼儿进行救护的同时，及时将其送往医院。"

四、实施

"下面我开始实施。"

1. 观察情况。

"明明，明明，你怎么了？怎么一直在哭呀？吐了是吗？还有哪里不舒服？肚子也很痛？明明刚刚和妈妈在外面有没有吃什么东西？和妈妈吃了蛋炒饭是吗？很可能是在外面吃的东西不是很干净，老师马上帮你处理一下，肚子就不会那么痛了，好不好？那让妈妈先在这里陪着你，老师去把东西拿过来。嗯，好的。"

2. 进行急救处理。

(1)明明的呕吐物为少量黏糊状褐色食物残渣，如发现幼儿误食，则应停止食用并封存可疑食物（口述）。

(2)必要时拨打"120"并送往医院救治（口述）。

(3)准备催吐："明明，老师已经把东西准备好了，现在抱你坐下来好吗？坐稳了没有？嗯，好。明明，老师现在要把这个勺子放到你的嘴巴里面，放到你的舌根部，可能会有一点恶心、想吐，这个是正常的，要把吃进去的不干净的东西吐出来，好吗？好，张开嘴巴，啊——，好，吐到盆子里面，是不是舒服一点啦？"

(4)"明明妈妈，麻烦您把这个呕吐物进行封存，等下我们好进行送检。谢谢，已封存。"

(5)"明明，我们再试一遍，好不好？嗯，好。来，张开嘴巴，啊——，好，吐到盆子里面，明明，刚才吐出来很多东西，现在是不是感觉舒服多了？现在来漱漱口，不要吞下去哦，好，吐到盆子里，擦一擦嘴巴。"

(6)"明明，你刚刚吐了很多东西，需要喝一点温生理盐水补充水分，好不好？嗯，好。"倒入温生理盐水。"来，明明真棒，喝了一大口，还想不想再喝一点呀？不喝了是不是？明明，老师先把你放下来。"

(7)"好，明明，你先坐在这里休息一下，让妈妈陪着你，老师去把东西整理一下，就过来一起陪你，如果有什么不舒服就及时告诉妈妈和老师，好不好？嗯，好。"

(8)如果食入毒物超过 2 小时且精神尚好，则可服用泻药排毒（口述）。

(9)对于严重中毒的幼儿，应立即拨打"120"并送往医院急救。在等待的过程中，应使幼儿平躺，将其头部偏向一侧，清除口、鼻腔分泌物，保持呼吸道通畅；如幼儿出现休克，则不能催吐，以免发生窒息；如幼儿出现心跳、呼吸骤停，则应立即实施心肺复苏术(口述)。

3. 与家长沟通。

"明明妈妈，刚刚我们已经对明明进行了催吐处理，现在孩子已经有所好转，我们暂时先对明明进行观察，如果等下有什么不舒服，我们再将明明送往医院，您看可以吗?"

4. 结束环节。

整理用物，洗手，记录(照护措施及转归情况)。

"报告考评员老师，操作完毕。"

▶ 评价活动

一、评价量表

详见表1-1。

表1-1 评价量表

评价项目	评价要点	分值	师评分	自评分	组评分	平均分	合计
学习态度 (20分)	按时完成自主学习任务	10					
	认真按讲义练习	5					
	动作轻柔，爱护模型(教具)	5					
合作交流 (30分)	按流程规范操作，动作熟练	10					
	按小组分工合作练习	10					
	与家长和幼儿沟通有效	10					
学习效果 (50分)	按操作评分标准评价(表1-2)，将100分折合为50分						
合计							

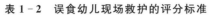

表 1 - 2 误食幼儿现场救护的评分标准

考核内容	考核点		分值	评分要求	扣分	得分	备注
评估 (15分)	幼儿	评估生命体征、意识状态	4	未评估扣4分；评估不完整扣1～3分			
		评估心理情况，如有无惊恐、害怕心理	2	未评估扣2分；评估不完整扣1分			
	环境	评估环境是否干净、整洁、安全，温、湿度是否适宜	3	未评估扣3分；评估不完整扣1～2分			
	照护者	着装整齐	3	不规范扣3分			
	物品	用物准备齐全	3	少一个扣1分，扣完3分为止			
计划 (5分)	预期目标	口述目标：①轻度食物中毒幼儿中毒症状缓解；②救护严重食物中毒幼儿的同时，及时将其送往医院	5	未口述扣5分			
实施 (60分)	观察情况	进食时间、食物种类	2	未观察扣2分			
		生命体征、神志、疼痛部位	3	未观察扣3分			
		呕吐物（排泄物）的颜色、性状和量	2	未观察扣2分			
	进行急救处理	停止食用和封存可疑的食物（口述）	2	未口述扣2分			
		必要时打"120"并送医院救治（口述）	2	未口述扣2分			
		准备适量的温生理盐水（口服催吐）	3	温度不对扣3分			
		催吐方法正确，用手指、筷子、勺子手柄或压舌板在舌根部轻压，刺激咽后壁	10	方法不对扣10分；方法欠妥扣2～8分			

考核内容		考核点	分值	评分要求	扣分	得分	备注
		留取第1份标本送检(口述)	5	未口述扣5分			
		重复上述步骤,反复催吐(口述)	4	未口述扣4分			
		准备适量温盐水或者糖水,补充水、电解质(口述)	3	未口述扣3分			
		如果食入毒物超过2小时且精神状态尚好,则服用泻药,以加速排毒(口述)	3	未口述扣3分			
		关心、安抚幼儿	3	不妥扣1~3分			
		给予严重中毒、休克的幼儿以合适的救护措施(口述)	8	未口述扣8分;口述不全扣2~7分			
	整理、记录	整理用物,清洁环境,安排幼儿休息	5	未整理扣5分;不妥扣2~3分			
		洗手	2	未正确洗手扣2分			
		记录现场救护措施及转归情况	3	未记录扣3分;记录不完整扣1~2分			
评价(20分)		操作规范,动作熟练	5	不规范或不熟练扣5分			
		救护方法、步骤正确	5	不正确扣5分			
		态度和蔼,操作过程中动作轻柔、关爱幼儿	5	态度不端正扣5分			
		与家长沟通有效,取得合作	5	沟通不畅扣5分			
总分			100	—			

二、总结与反思

实训二 四肢骨折幼儿的现场救护

▷ 任务情境

鑫鑫，男，3岁，在托育园操场上和几个小朋友一起踢小皮球，你踢一下，我踢一下，正玩得高兴时，鑫鑫脚下一滑，跌倒在地上，哭闹不止。不一会儿，他左前臂起包，肿胀明显，按压局部疼痛剧烈，不能活动。

任务：对于鑫鑫的情况，作为照护者，你应该如何处理？

▷ 任务目标

1. 能理解幼儿四肢骨折的原因及分型。
2. 能识别幼儿四肢骨折的特点。
3. 能正确实施幼儿四肢骨折的现场救护。
4. 能预防骨折发生，保护幼儿安全。

▷ 知识准备

1. 登录相关平台进行学习、模拟刷题。
2. 进入相关班级群并完成任务单。

▷ 任务实施

一、设施设备

照护床1张、椅子1把。

二、用物准备

幼儿仿真模型 1 个、医用三角巾 1 块、纱布条 3 条、纱布 2 块、夹板 2 块、剪刀 1 把、治疗盘 1 个、弯盘 1 个、医用垃圾桶 1 个、医用垃圾袋 1 个、记录本 1 册、笔 1 支、手消毒液 1 瓶(图 2-1)。

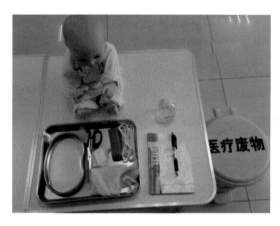

图 2-1　四肢骨折幼儿现场救护的用物准备

三、人员准备

照护者具备四肢骨折幼儿现场救护的相关知识和操作技能,着装整齐。

四、实施步骤

实施步骤详见图 2-2。

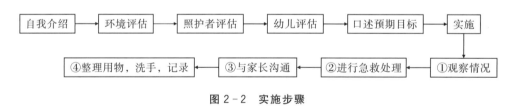

图 2-2　实施步骤

▶ 具体操作流程(考试流程)

一、自我介绍

"尊敬的考评员老师好！我是××号考生，今天我考试的项目是四肢骨折幼儿的现场救护。"

二、准备与评估

环境准备：干净、整洁、安全，温、湿度适宜。

自身准备：着装整齐、修剪指甲、去掉饰品、洗净双手。

物品准备：幼儿仿真模型、医用三角巾、纱布条、纱布、夹板、剪刀、治疗盘、弯盘、医用垃圾桶、医用垃圾袋、记录本、笔、手消毒液等物品准备齐全。

幼儿评估：鑫鑫在托育园踢球时跌倒，左前臂起包，肿胀明显，按压局部疼痛剧烈，不能活动；鑫鑫目前生命体征平稳、情绪紧张、哭闹不止。

三、计划

"我的预期目标：①减轻幼儿疼痛，初步包扎固定；②配合急救人员完成幼儿安全搬运。"

四、实施

"下面我开始实施。"

1. 观察情况。

"鑫鑫，怎么了？怎么哭了？是哪里不舒服吗？摔了一跤是不是？让老师检查一下。左前臂起了一个包，有一点肿胀。让老师轻轻按一下。痛吗？很痛，也不能动，是不是？别害怕，老师马上帮你处理一下。"经检查发现，幼儿左前臂起包，肿胀明显，按压局部疼痛剧烈，不能活动，幼儿目前神志清楚。

2. 进行急救处理。

(1)呼救："李老师，请帮忙拨打'120'"。

(2)包扎止血："如为开放性骨折，伤口出血多，则应先用纱布覆盖伤口，再用绷带包扎止血。"

(3)体位：让旁人协助托住幼儿患肢。"李老师，请帮忙托住鑫鑫的左前臂。"

(4)固定患肢：

1)用纱布包裹在肘关节和腕关节处(边口述，边操作)，防止夹板直接接触幼儿皮肤伤口，特别是在骨折造成的畸形处或者骨头凹凸处，冰敷患处(口述)。

2)在前臂的掌侧和背侧分别放置2块夹板(夹板长度应超过肘关节至腕关节)，用纱布条捆住夹板(中间—远端—近端)，在前臂外侧打死结，检查松紧度，以能伸入1指为宜。"鑫鑫，我们马上就好了，不用着急。"

3)左上肢屈肘90°，用三角巾由颈部将之悬吊于胸前。露出指端，检查末梢血运情况。

4)骨折已初步处理，迅速将幼儿送往医院，注意动作要轻稳，防止引发伤肢疼痛，注意保暖，不要给幼儿进食或饮水(口述)。"鑫鑫，别担心，老师已经帮你处理好了，待会儿我们一起去医院，再让医生看看，好不好？现在让李老师在这里陪着你，我去给你妈妈打个电话。"

3. 与家长沟通。

"鑫鑫妈妈，您好，我是托育园的老师，鑫鑫刚才踢球时不小心摔了一跤，他的左前臂发生了骨折，我们已经做了初步处理，现在医生也在赶来的路上，麻烦您现在前往医院一趟，与我们会合好吗？好的，我在医院等您，再见。"

4. 结束环节。

整理用物，洗手，记录。"经过初步固定处理，鑫鑫已被安全转运到医院。"

"报告考评员老师，操作完毕。"

▶ **评价活动**

一、评价量表

详见表 2-1。

表 2-1　评价量表

评价项目	评价要点	分值	师评分	自评分	组评分	平均分	合计
学习态度 （20分）	按时完成自主学习任务	10					
	认真按讲义练习	5					
	动作轻柔，爱护模型（教具）	5					
合作交流 （30分）	按流程规范操作，动作熟练	10					
	按小组分工合作练习	10					
	与家长和幼儿沟通有效	10					
学习效果 （50分）	按操作评分标准评价（表2-2），将100分折合为50分						
合计							

表 2-2　四肢骨折幼儿现场救护的评分标准

考核内容		考核点	分值	评分要求	扣分	得分	备注
评估 （15分）	幼儿	生命体征	2	未评估扣2分；评估不完整扣1分			
		意识状态	2	未评估扣2分；评估不完整扣1分			
		心理情况，如有无惊恐、焦虑心理	2	未评估扣2分；评估不完整扣1分			
	环境	干净、整洁、安全，温、湿度适宜	3	未评估扣3分；评估不完整扣1～2分			

续表

考核内容		考核点		分值	评分要求	扣分	得分	备注
	照护者	着装整齐，做好准备工作		3	不规范扣3分			
	物品	用物准备齐全		3	少一个扣1分，扣完3分为止			
计划(5分)	预期目标	减轻幼儿疼痛，初步包扎固定(口述)		3	未口述扣3分			
		配合急救人员完成幼儿安全搬运(口述)		2	未口述扣2分			
实施(60分)	观察情况	检查幼儿骨折部位有无肿胀和出血，判断伤情和严重程度(口述)		2	未口述扣2分			
		评估疼痛的程度及意识是否清楚(口述)		3	未口述或口述不正确扣3分			
	进行急救处理	紧急呼救	拨打"120"	3	未做扣3分			
		安抚幼儿	对幼儿进行安抚	2	未做扣2分			
		创面止血	如为开放性骨折，伤口出血多，则应立即止血(口述)	5	未口述扣5分			
		摆放体位	摆放体位正确，制动肢体	5	不正确扣5分；不妥扣1~4分			
		肢体固定	夹板位置放置正确，未直接接触皮肤	5	不正确扣5分；不妥扣1~4分			
			包扎、打结位置正确，结不可打在伤口上	6	不正确扣6分			
			固定松紧适度，以能容纳1指为宜	2	不正确扣2分			

续表

考核内容		考核点	分值	评分要求	扣分	得分	备注
		固定绑扎的顺序（中间—远端—近端）正确：夹板长度应该超过骨折端邻近的关节，夹板未直接接触幼儿皮肤及伤口，特别是在骨折造成的畸形处或者骨头凹凸处，冰敷患处	5	方法不对扣5分			
		注意观察指（趾）末端血运情况	3	未观察扣3分			
	保持功能位	固定后，可以将受伤的上肢屈肘90°并悬吊于胸前	5	方法不对5分			
	安全转运	转运幼儿方法正确，转运途中处理得当	4	方法不对扣4分			
整理、记录		整理用物	3	未整理扣3分；整理不到位扣1~2分			
		洗手	2	未洗手或洗手方法不正确扣2分			
		记录受伤时间、伤势和救护过程	5	未记录扣5分；记录不完整扣1~4分			
评价（20分）		操作规范，动作熟练	4	不规范或不熟练扣4分			
		操作顺序正确	6	顺序有一处错误扣6分			
		搬运幼儿过程中保证安全	5	发生安全事故扣5分			
		态度和蔼，关爱幼儿。与家长沟通有效，取得合作	5	态度不端正扣3分；沟通不畅扣2分			
总分			100	—			

二、总结与反思

实训三 头皮血肿幼儿的现场救护

▷ **任务情境**

小强，男，2岁，平素在托育园生活。有一次，小强下楼去玩，在楼梯拐角处脚下踩空，身体猛地一倒，头部磕到了扶栏上，出现了一个核桃大小、略鼓起的小青包，皮肤没有磕破，轻触中间稍有凹陷，小强立刻痛得大哭起来。

任务：对于小强的情况，作为照护者，你应该如何处理？

▷ **任务目标**

1. 能说出造成幼儿头皮血肿的原因。
2. 能识别幼儿头皮血肿的表现。
3. 能对发生头皮血肿的幼儿进行正确的急救处理。
4. 能在操作中体现对幼儿的人文关怀。

▷ **知识准备**

1. 登录相关平台进行学习、模拟刷题。
2. 进入相关班级群并完成任务单。

▷ **任务实施**

一、设施设备

照护床1张、椅子1把。

二、用物准备

幼儿仿真模型 1 个、冰块或冰袋 1 个、小方巾 1 块、碘伏 1 瓶、消毒棉签 1 包、治疗盘 1 个、弯盘 1 个、记录本 1 册、笔 1 支、手消毒液 1 瓶(图 3-1)。

图 3-1　头皮血肿幼儿现场救护的用物准备

三、人员准备

照护者具备头皮血肿幼儿现场救护的相关知识和操作技能，着装整齐。

四、实施步骤

实施步骤详见图 3-2。

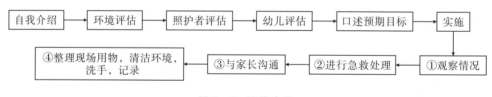

图 3-2　实施步骤

具体操作流程（考试流程）

一、自我介绍

"尊敬的考评员老师好！我是××号考生，今天我考试的项目是头皮血肿幼儿的现场救护。"

二、准备与评估

环境准备：干净、整洁、安全，温、湿度适宜。

自身准备：着装整齐、修剪指甲、去掉饰品、洗净双手。

物品准备：幼儿仿真模型、冰袋、小方巾、碘伏、消毒棉签、治疗盘、弯盘、记录本、笔、手消毒液、医用垃圾桶、医用垃圾袋等物品准备齐全。

幼儿评估：小强在托育园下楼梯时脚踩空，把头磕到了扶栏上，出现了一个核桃大小、略鼓起的小青包，皮肤未磕破，轻触中间稍有凹陷，幼儿目前生命体征平稳、意识状态清醒、面色微红、情绪紧张、有哭闹。

三、计划

"我的预期目标：①能正确处理幼儿头皮血肿；②幼儿头皮血肿疼痛减轻；③及时将病情较重者送往医院。"

四、实施

"下面我开始实施。"

1. 观察情况。

"小强，小强，怎么了？你怎么哭了？摔了一跤，是吗？让老师检查一下有没有受伤，头有一点痛？老师看了一下，你的前额有点红肿，别害怕，老师马上帮你处理好不好？好了，不哭了，不哭了，小强真是个勇敢的小朋友。"经检查发现，幼儿生命体征平稳，意识状态清醒，面色微红，前额有一核桃般大小、略鼓起的小青包，皮肤无伤口和出血，轻触中间稍有凹陷、疼痛明显。对病情严重者，应及时拨打"120"并送往医院。

2. 进行急救处理。

(1)发生头皮血肿后，不能用手揉搓，揉搓将导致出血量增多、痛感强烈(口述)。

(2)取棉签蘸碘伏，消毒患处。"小强，老师帮你消一下毒，别害怕，好啦，小强，老师已经帮你消完毒了。"消毒完毕，待干。

(3)24 小时内应进行冷敷,以减少出血、肿胀和疼痛(口述)。

(4)给予冷敷。取冰袋、小毛巾,用毛巾包裹好冰袋,敷在幼儿血肿处。"小强,老师帮你冰敷一下,嗯,好!"每次冷敷不超过 20 分钟,每日可多次冷敷,每次间隔 1～2 小时。如无冰块或冰袋,则可用冷湿毛巾进行冷敷止血,每 4～5 分钟更换一次毛巾,每日可敷多次(口述)。

(5)冷敷过程中应注意观察幼儿是否出现头痛、头晕、恶心、呕吐、躁动不安或嗜睡等异常表现,如病情加重,则应及时将之送往医院(口述)。"小强,有没有觉得不舒服,那我们再敷一会好不好。嗯,好!"15 分钟到。"小强,我们敷完了。"取下冰袋。冷敷完毕(口述)。"小强,你先坐在这里休息一下,老师陪你好不好?嗯,好!"

(6)24～48 小时后可进行热敷(口述)。

(7)给予热敷。取热水袋,内装 60～70 ℃的热水,用毛巾包好进行热敷,也可用热毛巾敷血肿处,每次热敷 20～30 分钟,每日可敷 3 或 4 次。热敷时,询问幼儿温度是否过烫,随时观察幼儿局部皮肤情况,如有发红、起疱的情况,则应立即停止热敷,热敷后幼儿不能立即外出,以免着凉感冒(口述)。

(8)安抚幼儿。"小强,现在有没有舒服一点,舒服多了是不是。那你坐在这里休息一下,老师去给妈妈打个电话。待会再过来陪你,如果有什么不舒服就立刻告诉老师好吗?嗯,好!"

3. 与家长沟通。

与家长取得联系。"您好,是小强妈妈吗?我是小强托育园的老师,小强刚刚在下楼时不小心摔了一跤,磕到了前额,别担心,前额只是有一点红肿,我们已经对小强进行了初步处理,现在暂时没有什么危险了,您现在要过来一趟是吗?好的,我在托育园等您,再见。"

4. 结束环节。

整理用物,洗手,记录(救护情况)。

"报告考评员老师,操作完毕。"

▶ 评价活动

一、评价量表

评价量表见表 3-1。

表 3-1　评价量表

评价项目	评价要点	分值	师评分	自评分	组评分	平均分	合计
学习态度 （20分）	按时完成自主学习任务	10					
	认真按讲义练习	5					
	动作轻柔，爱护模型（教具）	5					
合作交流 （30分）	按流程规范操作，动作熟练	10					
	按小组分工合作练习	10					
	与家长和幼儿沟通有效	10					
学习效果 （50分）	按操作评分标准评价（表 3-2），将 100 分折合为 50 分						
合计							

表 3-2　头皮血肿幼儿现场救护评分标准

考核内容		考核点	分值	评分要求	扣分	得分	备注
评估 （15分）	幼儿	生命体征、心理状态	4	未评估扣 4 分；评估不完整扣 1～3 分			
		心理情况，如有无惊恐、害怕心理	2	未评估扣 2 分；评估不完整扣 1 分			
	环境	干净、整洁、安全，温、湿度适宜	3	未评估扣 3 分；评估不完整扣 1～2 分			
	照护者	着装整齐	3	不规范扣 3 分			
	物品	用物准备齐全	3	少一个扣 1 分，扣完 3 分为止			

续表

考核内容		考核点	分值	评分要求	扣分	得分	备注
计划 (5分)	预期 目标	能正确处理幼儿头皮血肿;幼儿头皮血肿疼痛减轻;及时将病情较重者送往医院(口述)	5	未口述扣5分			
实施 (60分)	观察 情况	幼儿的生命体征、面色、意识状态	2	未观察扣2分			
		查看头皮血肿的部位、体积大小,有无伤口出血,评估血肿的严重程度、疼痛程度等(口述)	3	未口述扣3分			
		对病情严重者,拨打"120"并送往医院(口述)	5	未口述扣5分			
	进行急救处理	将幼儿抱起,放在安全、舒适、安静的环境中,给予安抚	5	未做扣5分			
		24小时内进行冷敷,以减少出血、肿胀和疼痛(口述)	5	未口述扣5分			
		冷敷方法正确	10	方法不对扣10分;不妥扣1~9分			
		观察幼儿是否有头痛、头晕、恶心、呕吐、躁动不安或嗜睡等异常表现,对病情加重者,应及时送往医院(口述)	5	未口述扣5分			
		24~48小时后可以热敷,以促进血肿吸收(口述)	5	未口述扣5分			
		热敷方法正确	10	方法不对扣10分;不妥扣1~9分			
	整理、记录	整理用物,安排幼儿休息	5	未整理扣5分;整理不到位扣1~4分			
		洗手	2	未正确洗手扣2分			
		记录救护情况	3	未记录扣3分;记录不完整扣1~2分			

考核内容	考核点	分值	评分要求	扣分	得分	备注
评价 （20分）	操作规范，动作熟练	5	不规范或不熟练扣5分			
	冷热敷方法正确	5	不正确扣5分			
	态度和蔼，操作过程动作轻柔，关爱幼儿	5	态度不端正扣5分			
	与家长沟通有效，取得合作	5	沟通不畅扣5分			
总分		100	—			

二、总结与反思

实训四　毒蜂蜇伤幼儿的现场救护

▷ **任务情境**

在春光明媚的午后，托育园张老师带着 3 岁的小薇在公园里踏青，花坛里鲜花盛开，蝴蝶、蜜蜂翩翩起舞，小薇跑上前，和张老师一起捉蝴蝶。游戏间，突然小薇的胳膊上出现一片红肿。

任务：对于小薇的情况，作为照护者，你应该如何处理？

▷ **任务目标**

1. 能说出蜇人蜂的分类、蜇刺反应和生态意义。
2. 能识别毒蜂蜇伤的表现。
3. 能正确进行毒蜂蜇伤的现场救护。
4. 能在操作中体现人文关怀。

▷ **知识准备**

1. 登录相关平台进行学习、模拟刷题。
2. 进入相关班级群并完成任务单。

▷ **任务实施**

一、设施设备

照护床 1 张、椅子 1 把。

二、用物准备

幼儿仿真模型 1 个、记录本 1 册、笔 1 支、手消毒液 1 瓶、镊子 1 把、持物桶 1 个、碘伏 1 瓶、消毒棉签 1 包、抗组胺软膏 1 支、治疗盘 1 个、弯盘 1 个、纸巾 1 包、面盆 1 个、杯子(内装肥皂水)1 个、碳酸氢钠溶液 1 瓶、医用垃圾桶 1 个、医用垃圾袋 1 个(图 4-1)。

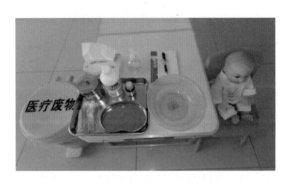

图 4-1　毒蜂蜇伤幼儿现场救护的用物准备

三、人员准备

照护者具备毒蜂蜇伤的相关知识和操作技能，着装整齐。

四、实施步骤

实施步骤详见图 4-2。

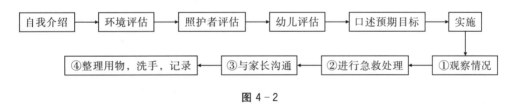

图 4-2

▶ 具体操作流程（考试流程）

一、自我介绍

"尊敬的考评员老师好！我是××号考生，今天我考试的项目是毒蜂蜇伤幼儿的现场救护。"

二、准备与评估

环境准备：干净、整洁、安全，温、湿度适宜。

自身准备：着装整齐、修剪指甲、去掉饰品、清洗双手。

物品准备：幼儿仿真模型、记录本、笔、手消毒液、镊子、持物桶、碘伏、棉签、抗组胺软膏、治疗盘、弯盘、纸巾、面盆、肥皂水、碳酸氢钠溶液、医用垃圾桶、医用垃圾袋等物品准备齐全。

幼儿评估：张老师带着小薇在公园里踏青时，小薇胳膊被蜂蜇伤，出现一片红肿，疼痛难忍。小薇目前生命体征平稳，有恐慌、害怕心理。

三、计划

"我的预期目标：①幼儿身上的蜂刺被拔出；②幼儿红肿、疼痛等不适减轻；③及时将病情较重者送往医院。"

四、实施

"下面我开始实施。"

1. 观察情况。

"小薇怎么了，怎么哭了？左手痛是吗？老师看一下啊，我们的左手有一点点红肿，别害怕，老师帮你处理一下，是不是刚刚被蜂蜇到了？嗯，好，不哭了，不哭了。"经检查发现，幼儿胳膊被蜂蜇伤，伤口红肿，疼痛难忍，无荨麻疹、水肿、呼吸困难等过敏反应，无其他不适。

2. 进行急救处理。

(1)已将幼儿抱离蜂蜇环境，置于安全、舒适且安静的环境中(口述)。

(2)"小薇，别害怕，老师帮你看看，蜂的尾巴有没有留在我们的皮肤里面。小薇，老师马上帮你取出来好不好？嗯，好！伤口有蜂刺。"

（3）取镊子，沿蜂刺的反方向拔出（边口述，边操作）。

（4）如毒刺附近有毒腺囊，则不可用镊子直接夹取，需用针挑出毒腺囊及毒刺（口述）。

（5）用手从近心端向远心端挤出毒液，冲洗伤口（边口述，边操作）。

（6）"小薇，老师帮你冲洗一下伤口，嗯，好！"

（7）取肥皂水冲洗伤口，取 2％～3％碳酸氢钠溶液冲洗伤口，以中和毒素（边口述，边操作）。

（8）"小薇，我们已经冲完了，老师帮你擦一擦，有没有舒服一点？舒服多了是不是？"取棉签，消毒。消毒完毕，待干。取抗组胺软膏，涂抹抗组胺软膏。"小薇，老师帮你上药。"将幼儿患肢置于低位，如病情严重，则应及时将之送往医院救治。

（9）"小薇，你看老师已经帮你处理好了，现在是不是舒服多了呀！嗯，舒服多了是不是？那你先坐在这里休息一下，老师给妈妈打个电话，如果有什么不舒服就立即告诉老师好吗？嗯，好的。"

3. 与家长沟通联系。

"小薇妈妈您好，我是托育园的老师，小薇刚刚在公园踏青时，不小心被蜂蜇伤。别害怕，别害怕，伤口只是有一点点红肿，现在我们已经处理好了啊，您现在要来托育园一趟是吗？那我在托育园等您，再见。"

4. 结束环节。

整理用物，洗手，用七步洗手法洗净双手，记录（现场情况及转归情况）。

"报告考评员老师，操作完毕。"

▶ 评价活动

一、评价量表

评价量表见表 4 - 1。

表 4 - 1 评价量表

评价项目	评价要点	分值	师评分	自评分	组评分	平均分	合计
学习态度 (20分)	按时完成自主学习任务	10					
	认真按讲义练习	5					
	动作轻柔，爱护模型(教具)	5					
合作交流 (30分)	按流程规范操作，动作熟练	10					
	按小组分工合作练习	10					
	与家长和幼儿沟通有效	10					
学习效果 (50分)	按操作评分标准评价(表 4 - 2)，将 100 分折合为 50 分						
合计							

表 4 - 2 毒蜂蜇伤幼儿现场救护的评分标准

考核内容		考核点	分值	评分要求	扣分	得分	备注
评估 (15分)	幼儿	生命体征、心理状态	4	未评估扣4分；评估不完整扣1～3分			
		心理情况，如有无惊恐、害怕心理	2	未评估扣2分；评估不完整扣1分			
	环境	干净、整洁、安全，温、湿度适宜	3	未评估扣3分；评估不完整扣1～2分			
	照护者	着装整齐	3	不规范扣3分			
	物品	用物准备齐全	3	少一个扣1分，扣完3分为止			

续表

考核内容		考核点	分值	评分要求	扣分	得分	备注
计划 （5分）	预期 目标	幼儿蜂刺被拔出；幼儿红肿、疼痛等不适减轻；及时将病情较重者送往医院（口述）	5	未口述扣5分			
实施 （60分）	观察 情况	观察局部蜇伤的情况	2	未观察扣2分			
		观察有无过敏及其他全身症状	3	未观察扣3分			
	急救 处理	将幼儿放在安全、舒适、安静的环境中	5	环境不符合要求扣5分			
		首先检查皮肤内是否留有蜂刺	5	未检查扣5分			
		拔出蜂刺方法正确	10	不正确扣10分			
		处理毒腺囊的方法正确（口述）	5	未口述扣5分			
		挤出毒汁的方法正确	5	不正确扣5分			
		清洗创包方法正确	5	不正确扣5分；不妥扣1～4分			
		选取清洗溶液正确	5	不正确扣5分			
		严重蜇伤、过敏反应的表现（口述）	5	未口述扣5分			
	整理、 记录	整理用物，安排幼儿休息	5	未整理扣3分；未安排幼儿休息扣2分			
		洗手	2	未正确洗手扣2分			
		记录救护情况	3	未记录扣3分；记录不完整扣1～2分			

考核内容	考核点	分值	评分要求	扣分	得分	备注
评价 (20分)	操作规范，动作熟练	5	不规范或不熟练扣5分			
	拔除毒刺步骤正确	5	步骤不正确扣5分			
	态度和蔼，操作过程动作轻柔，关爱幼儿	5	态度不端正扣5分			
	与家长沟通有效，取得合作	5	沟通不畅扣5分			
总分		100	—			

二、总结与反思

实训五　触电幼儿的现场救护

▷ 任务情境

　　小枫，男，2岁。他比较调皮，喜欢乱摸乱碰。有一次，他趁托育园老师不注意，拿着小刀插入插座里面，突然间小枫全身抽搐，面色苍白，惊叫一声倒在了地上。老师被这突然发生的状况吓得不知所措。

　　任务：对于小枫的情况，作为照护者，你应该如何处理？

▷ 任务目标

　　1. 能说出幼儿触电的常见原因。

　　2. 能识别幼儿触电的表现。

　　3. 能正确实施触电幼儿的现场救护。

　　4. 能做好幼儿触电的预防。

▷ 知识准备

　　1. 登录相关平台进行学习、模拟刷题。

　　2. 进入相关班级群并完成任务单。

▷ 任务实施

一、设施设备

照护床1张、椅子1把。

二、用物准备

幼儿仿真模型1个、插排1个、木棍或竹竿等绝缘工具1根、一次性呼吸膜或纱布1块、挂表1个、碘伏1瓶、消毒棉签1包、治疗盘1个、弯盘1个、手电筒1把、记录本1册、笔1支、手消毒液1瓶、绝缘手套1副、医用垃圾桶1个、医用垃圾袋1个(图5-1)。

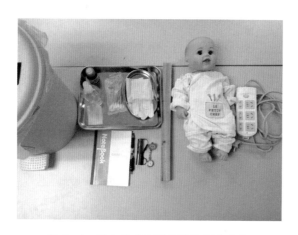

图5-1 触电幼儿现场救护的用物准备

三、人员准备

照护者具备触电幼儿现场救护的相关知识和操作技能,着装整齐。

四、实施步骤

实施步骤见图5-2。

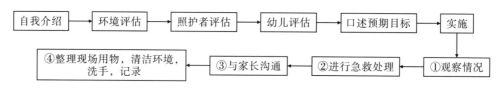

图5-2 实施步骤

▷ 具体操作流程（考试流程）

一、自我介绍

"尊敬的考评员老师好！我是××号考生，今天我考试的项目是触电幼儿的现场救护。"

二、准备与评估

环境准备：干净、整洁、安全，温、湿度适宜，适宜抢救。

自身准备：着装整齐，未化妆，未带饰物，手部干燥，衣着绝缘。

物品准备：幼儿仿真模型、记录本、笔、插排、手消毒液、木棍、绝缘手套、碘伏、棉签、纱布、治疗盘、弯盘、医用垃圾桶、医用垃圾袋、手电筒、挂表等物品准备齐全。

幼儿评估：小枫趁托育园老师不注意，拿着小刀插到插座里面，然后突然倒地、全身抽搐、面色苍白。

三、计划

"我的预期目标：①幼儿脱离电源，被转移至安全环境；②将病情较重者及时送往医院。"

四、实施

"下面我开始实施。"

1. 观察情况。

"小枫触电倒地、全身抽搐、面色苍白，电源插座绝缘皮未破损，地板无水渍。"记录抢救时间。

2. 进行急救处理。

(1)脱离电源：操作者佩戴绝缘手套，衣着绝缘，先迅速切断总电源，然后用干燥的木棍拨开电线，迅速将幼儿转移至安全环境中进行救护。"李老师，请帮忙拨打'120'。"

(2)评估幼儿：使幼儿仰卧于硬板床上，解开衣裤。"小枫，小枫，听得见吗？""1001、1002、1003、1004、1005、1006。"

将幼儿头偏一侧，清除口、鼻腔异物，保持呼吸道通畅。幼儿目前意识清醒，有自主呼吸，可触及颈动脉搏动。观察幼儿全身皮肤情况。取棉签，对幼儿电击处的皮肤进行消毒，如有灼伤，则消毒后应进行包扎。"李老师，请帮忙照看一下小枫。"再次记录抢救时间。安抚幼儿休息并等待"120"送幼儿入院。

(3)根据幼儿受伤情况选择合适的急救方法：首先判断幼儿受伤的严重程度，根据幼儿呼吸、脉搏、意识等判断严重程度。如幼儿呼吸、脉搏、意识等正常，则为轻症；如幼儿呼吸停止、脉搏未触及、意识丧失，则为重症。

1)对轻症幼儿的处理：应耐心安慰，消除其恐惧心理，嘱其就地平卧，保持安静，密切观察1～2小时，暂时不要站立或走动，以免发生继发性休克或心力衰竭。

2)对重症幼儿的处理：应立即拨打"120"并实施心肺复苏术，恢复全身氧供。

3. 与家长沟通。

"小枫妈妈，您好！我是托育园的老师，小枫刚刚在托育园不小心发生了触电，别着急，别着急，我们已经进行了紧急处理，现在小枫意识已经清醒了，并且"120"也在赶来的路上，麻烦您前往医院一趟好吗？好的，那我在医院等您，再见！"

4. 结束环节。

整理用物，洗手，记录。"通过救护，小枫目前意识清醒，生命体征平稳。"

"报告考评员老师，操作完毕。"

▶ 评价活动

一、评价量表

评价量表见表 5-1。

表 5-1 评价量表

评价项目	评价要点	分值	师评分	自评分	组评分	平均分	合计
学习态度 （20分）	按时完成自主学习任务	10					
	认真按讲义练习	5					
	动作轻柔，爱护模型（教具）	5					
合作交流 （30分）	按流程规范操作，动作熟练	10					
	按小组分工合作练习	10					
	与家长和幼儿沟通有效	10					
学习效果 （50分）	按操作评分标准评价（表 5-2），将 100 分折合为 50 分						
合计							

表 5-2 触电幼儿现场救护的评分标准

考核内容		考核点	分值	评分要求	扣分	得分	备注
评估 （15分）	幼儿	生命体征、意识状态	3	未评估扣 3 分；评估不完整扣 1～2 分			
		心理情况，如有无惊恐、焦虑心理	2	未评估扣 2 分；评估不完整扣 1 分			
	环境	环境安全，适宜抢救	3	未评估扣 3 分			
	照护者	着装整齐（衣、帽、鞋符合要求），未化妆，未戴饰物	3	不规范扣 3 分			

续表

考核内容		考核点	分值	评分要求	扣分	得分	备注
	物品	用物准备齐全	4	少一个扣1分,扣完4分为止			
计划 (5分)	预期目标	幼儿脱离电源,被转移至安全环境;及时将病情较重者送至医院(口述)	5	未口述扣5分			
实施 (60分)	观察情况	观察触电现场情况,记录时间	5	未执行扣5分			
	脱离电源	根据设置情境选用救护方法正确	10	不正确扣10分			
	自身保护	救护者自身保护	10	未保护扣10分			
	评估幼儿	判断意识状态方法正确	3	不正确扣3分			
		判断呼吸方法正确	3	不正确扣3分			
		判断脉搏方法正确	3	不正确扣3分			
	急救处理	判断严重程度的标准	5	判断不准确扣5分			
		轻症幼儿的处理方法	3	方法不对扣3分			
		重症幼儿的处理方法	3	方法不对扣3分			
		皮肤伤口处理方法正确	5	不正确扣5分			
	整理、记录	整理用物	2	未整理扣2分			
		安排幼儿休息或者送幼儿入院	5	未执行扣5分			
		记录救护的时间和过程	3	未记录扣3分;记录不完整扣1~2分			
评价 (20分)		操作规范,动作熟练	6	不规范或不熟练扣6分			
		判断准确,处理恰当	4	不准确扣2分;不恰当扣2分			
		体现人文关怀	5	未体现扣5分			
		与家长沟通有效,取得合作	5	沟通不畅扣5分			
总分			100	—			

二、总结与反思

模块二

生活照护

实训六 幼儿水杯饮水指导

橙橙，男，2岁，在家里一直使用奶瓶喝水，从来没有使用过水杯喝水，也不知道用什么好。橙橙妈妈纠结是用鸭嘴杯好，还是用吸管杯好，宝宝不接受怎么办？市场上有吸管杯、敞口杯，橙橙妈妈不知道怎么选择，很是焦虑，因此到托育园请老师帮忙。

任务：针对橙橙的情况，作为照护者，你应该怎么处理？

▶ **任务目标**

1. 能说出幼儿每天的水分需求量。
2. 能说出用不同杯子喝水的方法。
3. 能快速、合理地安排幼儿喝水的时间。
4. 能在操作中关心和保护幼儿。

▶ **知识准备**

1. 登录相关平台进行学习、模拟刷题。
2. 进入相关班级群并完成任务单。

▷ **任务实施**

一、设施设备

照护床 1 张、椅子 1 把。

二、用物准备

幼儿仿真模型 1 个、不同敞口杯 3 个、记录本 1 册、笔 1 支、手消毒液 1 瓶(图 6-1)。

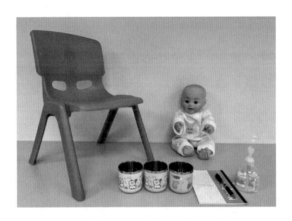

图 6-1　幼儿水杯饮水指导的用物准备

三、人员准备

照护者具备指导幼儿用水杯饮水的相关知识和操作技能,着装整齐。

四、实施步骤

实施步骤见图 6-2。

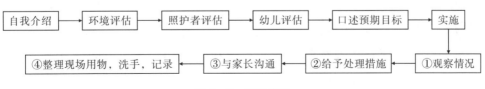

图 6-2　实施步骤

▶ 具体操作流程（考试流程）

一、自我介绍

"尊敬的考评员老师好！我是××号考生，今天我考试的项目是幼儿水杯饮水指导。"

二、准备与评估

环境准备：干净、整洁、安全，温、湿度适宜。

自身准备：着装整齐、修剪指甲、洗净双手。

物品准备：幼儿仿真模型、椅子、敞口杯、记录本、笔、手消毒液等物品准备齐全。

幼儿评估：橙橙在家一直用奶瓶喝水，从来没有使用过水杯喝水，目前意识清楚，能自行饮水，愿意配合，无惊恐、焦虑心理。

三、计划

"我的预期目标是幼儿学会用杯子喝水的方法。"

四、实施

"下面我开始实施。"

1. 观察情况。

(1)目前幼儿不断舔嘴唇，有想喝水的信号，但是面对托育园的水杯不知所措，因此一直未饮水。

(2)经过与家长沟通得知，幼儿在家中一直用奶瓶饮水，从未使用过水杯饮水，家人也有意愿对幼儿进行用水杯饮水的指导。

2. 给予处理措施。

(1)挑选水杯：摆好 3 个杯子。"橙橙，你是不是想喝水了呀？你看桌面上有许多水杯，你喜欢哪一个呀？这个呀，好的，那我们待会就用这个水杯来喝水吧。"

(2)鼓励幼儿："橙橙，你之前使用过水杯喝水吗？没有呀，没关系，老师跟你一起哦。待会我们用这个水杯喝水，看看味道会不会不一样呢？橙橙，待会你喝水的时候，如果感觉到不舒服，就告诉老师，老师会立马停止，好不好？真棒，橙橙真勇敢，愿意自己大胆地尝试。"

(3)正确示范：一边示范慢动作喝水，一边观察幼儿。"现在请看老师，像老师这样双手握住水杯，慢慢地送到嘴边，一小口一小口地喝。"

(4)幼儿尝试用水杯饮水："橙橙，你学会了吗？你来试一次吧。两只小手都要握住哦，慢慢地送到嘴边，真棒。橙橙，喝水的时候注意不要猛地一下子抬头，也不要仰得太高，因为这样会呛到的，呛到了会很不舒服的哦。很棒哦，橙橙，你做得真好。橙橙学会喝水了吗？会了呀！那现在娃娃也想喝水了，你愿意尝试帮助一下娃娃吗？哇，橙橙掌握得真好。娃娃，你学会喝水了吗？会了呀！那我们一起干杯吧。干杯！谢谢橙橙老师！"

(5)用食物引导：如果橙橙对用水杯喝水抗拒，则可在水杯中放入橙橙喜欢喝的果汁或牛奶，激发橙橙的兴趣，引导橙橙用水杯喝水(口述)。

(6)用游戏引导：在喝水的过程中可与橙橙玩一些喝水的游戏，也可以融入日常生活中进行训练。但是要注意引导橙橙小口喝，以免被水呛到。在进行游戏引导的时候，不可以进行过于兴奋或激烈的游戏，以免被水呛到，可以用角色扮演或干杯等平静的游戏来进行用水杯饮水的指导(口述)。

(7)收拾杯子："橙橙很棒哦，今天学会了自己用水杯喝水。现在请橙橙自己把水杯送到桌子上去吧。真厉害！橙橙会自己收拾东西了。现在请橙橙跟老师一起去玩游戏吧。"

3. 与家长沟通。

"橙橙妈妈，橙橙今天已经学会并且愿意用水杯喝水了，以后在家也可以让橙橙学着用水杯喝水哦。"

4. 结束环节。

整理用物，洗手，记录。"经过指导，幼儿开始接受用水杯喝水。"

"报告考评员老师，操作完毕。"

▶ 评价活动

一、评价量表

评价量表见表 6-1。

表 6-1 评价量表

评价项目	评价要点	分值	师评分	自评分	组评分	平均分	合计
学习态度 (20分)	按时完成自主学习任务	10					
	认真按讲义练习	5					
	动作轻柔，爱护模型(教具)	5					
合作交流 (30分)	按流程规范操作，动作熟练	10					
	按小组分工合作练习	10					
	与家长和幼儿沟通有效	10					
学习效果 (50分)	按操作评分标准评价(表6-2)，将100分折合为50分						
合计							

表 6-2 评分标准

考核内容	考核点		分值	评分要求	扣分	得分	备注
评估 (15分)	幼儿	意识状态、饮水情况	4	未评估扣4分；评估不完整扣1~3分			
		心理情况，如有无惊恐、焦虑心理	2	未评估扣2分；评估不完整扣1分			
	环境	干净、整洁、安全，温、湿度适宜	3	未评估扣3分；评估不完整扣1~2分			
	照护者	着装整齐，洗手	3	不规范扣3分			

考核内容		考核点	分值	评分要求	扣分	得分	备注
	物品	用物准备齐全	3	少一个扣1分，扣完3分为止			
计划(5分)	预期目标	幼儿学会用水杯喝水的方法(口述)	5	未口述扣5分			
实施(60分)	观察情况	观察幼儿饮水情况	5	未观察扣5分			
	处理措施	幼儿目前饮水情况(口述)	5	未口述扣5分			
		挑选幼儿喜爱的水杯(口述)	5	未口述扣5分			
		适当地鼓励	5	未鼓励扣5分			
		正确地示范	10	未示范扣10分			
		用食物引导	10	不正确扣10分			
		用游戏引导	10	不正确扣10分			
	整理、记录	整理用物，安排幼儿休息	5	未整理扣5分；整理不到位扣1~4分			
		洗手	2	未正确洗手扣2分			
		记录照护措施及转归情况	3	未记录扣3分；记录不完整扣1~2分			
评价(20分)		操作规范，动作熟练	5	不规范或不熟练扣5分			
		培养幼儿良好的饮水习惯	5	未培养扣5分			
		态度和蔼，操作过程动作轻柔，关爱幼儿	5	态度不端正扣5分			
		与家长沟通有效，取得合作	5	沟通不畅扣5分			
总分			100	—			

二、总结与反思

实训七　幼儿刷牙指导

东东，男，2岁，牙齿已基本长齐。平时在家里都是家长帮助他清洁牙齿，现在需要去托育园生活了，家长想让东东自行掌握正确刷牙的方法。不过，他在家锻炼刷牙时，要么弄痛了自己，要么弄湿了自己，家长比较着急，因此求助于托育园老师。

任务：对于东东的情况，作为照护者，你应该怎么做？

▷ **任务目标**

1. 能说出幼儿口腔的常见疾病。
2. 能简述影响幼儿口腔卫生的因素。
3. 能正确指导幼儿刷牙。
4. 能总结自己照护上的不足。

▷ **知识准备**

1. 登录相关平台进行学习、模拟刷题。
2. 进入相关班级群并完成任务单。

▷ **任务实施**

一、设施设备

漱口台 1 个。

二、用物准备

幼儿仿真模型 1 个、口腔仿真模型 1 个、儿童牙膏 1 支、儿童牙刷 1 支、儿童漱口杯 1 个、毛巾 1 条、温水适量、记录本 1 册、笔 1 支、手消毒液 1 瓶(图 7−1)。

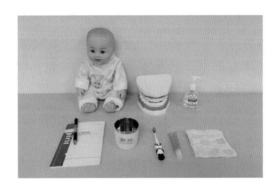

图 7−1　幼儿刷牙指导的用物准备

三、人员准备

照护者具备幼儿刷牙的相关知识和操作技能,着装整齐。

四、实施步骤

实施步骤见图 7−2。

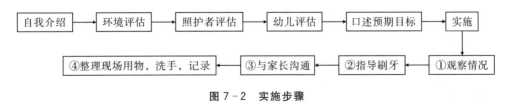

图 7−2　实施步骤

▶ 具体操作流程（考试流程）

一、自我介绍

"尊敬的考评员老师好，我是××号考生，今天我考试的项目是幼儿刷牙指导。"

二、准备与评估

环境准备：干净、整洁、安全，温、湿度适宜。

自身准备：着装整齐、修剪指甲、洗净双手、未佩戴任何首饰。

物品准备：口腔仿真模型、幼儿牙膏、幼儿牙刷、幼儿漱口杯、温水适量、毛巾、签字笔、记录本、手消毒液等物品准备齐全。

幼儿评估：幼儿生命体征平稳、意识清醒、心情愉悦，无惊恐、焦虑，能自行饮水，愿意配合老师。

三、计划

"我的预期目标是幼儿口腔清洁干净、身心愉悦。"

四、实施

"下面我开始实施。"

1. 观察情况。

首先，评估幼儿口腔情况，牙齿清洁状况。"东东，刚刚吃完饭，让老师来看看你的嘴巴里面还藏有食物没有。来，张嘴，啊……哦，还有一点食物残渣藏在牙齿里面。"东东牙齿已长齐，口腔黏膜无破损，牙齿上有食物残渣，需要进行刷牙指导。

2. 指导刷牙。

(1)"东东，我们一起来把牙齿刷干净吧。来，老师教你。我们先用小水杯接一点温水，将牙刷浸泡在温水里 1～2 分钟。好了，现在取一点牙膏，放在牙刷上，不要挤太多，像小黄豆那么大就可以了。用小手握住牙刷柄后 1/3 的位置。好了吗，我们要开始刷牙了。"

(2)咬合上、下牙，刷外面。"来东东，把嘴巴张开。像老师这样将牙齿咬住。很好，我们先来刷前面的牙齿。上、下都要刷一刷哦，刷 8 次，跟老师一起数。1、2、3、4、5、6、7、8，很好，外面已经刷完了，我们再来刷一刷里面。"

(3)刷门牙内面。"东东，来，把嘴巴再张大一点，我们先来刷刷内面的上面，再刷刷内面的下面。也要刷 8 次哦。8 次刷好了。那现在前面的牙齿已经刷干净了。"

(4)刷右边牙齿的外面和内面。"东东，除了要刷前面的牙齿，还有哪里的牙齿要刷呢？对了，还有右面的牙齿，我们先来刷刷这边吧，同样也要刷外面，还有里面。"

(5)刷右边牙齿的咬合面。"右面的牙齿除了外面和里面，还有哪里呢？对了，还有中间嚼东西吃的地方也要刷一刷。刷几次呢？真棒，刷 8 次哦。"

(6)刷左边外面、内面和咬合面。"右边刷干净了，左边要不要刷呢？很好，左边也要刷，外面、里面和中间，都要刷几次？对了，外面、中间和里面都要刷 8 次哦，这样才能刷干净对不对？"

(7)漱口。"好了，那现在我们来喝点水吧。喝水，咕噜咕噜，然后吐掉，千万不要咽下去哦。再来一次（含水，漱口，再吐掉）。给小牙刷也洗洗澡吧。然后将水倒掉。将干净的小牙刷刷头朝上，放在水杯里面。"

(8)擦脸。"东东真棒，牙齿刷好了吗？让老师看看，哇，刷得真干净，小嘴巴香喷喷的，那现在我们来拿小毛巾擦擦嘴巴和小脸蛋吧。"

(9)宣教，安排休息。"东东学会刷牙了吗？学会了呀！那以后刷牙的时候都要像老师刚刚教你的步骤去做哦，而且每一步都要刷几次？刷 8 次才能将牙齿刷干净哦。好了，东东，现在你跟王老师去休息一下。老师来整理一下。"

3. 与家长沟通。

"东东妈妈，您好，今天午餐过后老师对东东进行了刷牙指导，让他跟老师一起学习了正确的刷牙方式。东东模仿得很好，已经基本上能自己进行刷牙了。但是由于2岁的宝贝手部精细动作发展得还不是特别灵活，对于刷牙这项技能掌握得还不是太熟练，所以平时在家的时候，您可以尝试让东东进行刷牙，但是还是需要家长的协助。平时您刷牙的时候也可以带上东东一起，让东东看您是如何正确刷牙的。如此反复练习，东东就能渐渐地自己掌握正确的刷牙方式了。"

3. 结束环节。

整理用物，洗手，记录幼儿照护措施及口腔情况。

"报告考评员老师，操作完毕。"

▶ 评价活动

一、评价量表

评价量表见表7-1。

表7-1 评价量表

评价项目	评价要点	分值	师评分	自评分	组评分	平均分	合计
学习态度 (20分)	按时完成自主学习任务	10					
	认真按讲义练习	5					
	动作轻柔，爱护模型(教具)	5					
合作交流 (30分)	按流程规范操作，动作熟练	10					
	按小组分工合作练习	10					
	与家长和幼儿沟通有效	10					
学习效果 (50分)	按操作评分标准评价(表7-2)，将100分折合为50分						
合计							

表 7 - 2 幼儿刷牙指导的评分标准

考核内容		考核点	分值	评分要求	扣分	得分	备注
评估 (15分)	幼儿	生命体征、意识状态	4	未评估扣 4 分;评估不完整扣 1~3 分			
		心理情况,如有无惊恐、焦虑心理	2	未评估扣 2 分;评估不完整扣 1 分			
	环境	干净、整洁、安全,温、湿度适宜	3	未评估扣 3 分;评估不完整扣 1~2 分			
	照护者	着装整齐	3	不规范扣 3 分			
	物品	用物准备齐全	3	少一个扣 1 分,扣完 3 分为止			
计划 (5分)	预期目标	幼儿口腔清洁干净、身心愉悦(口述)	5	未口述扣 5 分			
实施 (60分)	观察情况	观察口腔情况、牙齿清洁状况	5	未观察扣 5 分			
	刷牙处理	将牙刷用温水浸泡 1~2 分钟	5	未浸泡牙刷扣 5 分;不标准扣 1~4 分			
	整理、记录	取适量牙膏置于牙刷上	5	未实施扣 5 分			
		手握牙刷柄后 1/3	5	方法不对扣 5 分			
		先刷前牙唇侧,再刷上牙前腭面、下牙舌面;刷后牙颊面;刷后牙舌面;最后刷牙咬合面	20	遗漏 1 个面扣 2 分;方法错误扣 8 分			
		用温水含漱数次,直至牙膏泡沫被完全清洗干净	5	未含漱扣 5 分;欠干净扣 3 分			
		擦洗幼儿嘴角及面部	5	未实施扣 5 分			
		整理用物,安排幼儿休息	5	未整理扣 5 分;整理不到位扣 1~4 分			
		洗手	2	未正确洗手扣 2 分			
		记录照护措施及口腔情况	3	未记录扣 3 分;记录不完整扣 1~2 分			

续表

考核内容	考核点	分值	评分要求	扣分	得分	备注
评价 （20分）	操作规范，动作熟练	5	不规范或不熟练扣5分			
	幼儿口腔清洁干净	5	不干净扣5分			
	态度和蔼，操作过程动作轻柔，关爱幼儿	5	态度不端正扣5分			
	与家长沟通有效，取得合作	5	沟通不畅扣5分			
总分		100	—			

二、总结与反思

实训八　幼儿进餐指导

▷ **任务情境**

容容，女，3岁，入园两天。午餐来了，她从老师手中接过碗，看了看饭菜，没有立即吃，趴在餐桌上，舔着勺子。过了一会，她左手抱着碗，右手拿着勺，舀了一勺饭，吃了一小口，嚼一口停一会，听到旁边有人说话便立刻跑过去。

任务：容容在进餐中可能出现了什么问题？作为照护者，应该如何处理？

▷ **任务目标**

1. 能说出幼儿正确的进餐姿势。
2. 能对其他照护者提出建议。
3. 能按年龄阶段对幼儿进行进餐习惯训练。
4. 能在操作中关心和保护幼儿。

▷ **知识准备**

1. 登录相关平台进行学习、模拟刷题。
2. 进入相关班级群并完成任务单。

▶ **任务实施**

一、设施设备

照护床1张、餐椅1把。

二、用物准备

幼儿仿真模型1个、幼儿餐具(小碗、勺子、水杯)2套、餐垫1张、围嘴1张、小方巾1张、记录本1册、笔1支、手消毒液1瓶(图8-1)。

图8-1 幼儿进餐指导的用物准备

三、人员准备

照护者具备幼儿进餐指导的相关知识和操作技能，着装整齐。

四、实施步骤

实施步骤见图8-2。

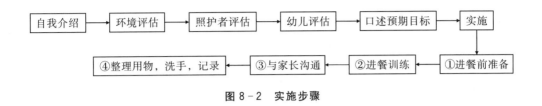

图 8-2 实施步骤

具体操作流程（考试流程）

一、自我介绍

"尊敬的考评员老师好，我是××号考生，今天我考试的项目是幼儿进餐指导。"

二、准备与评估

环境准备：干净、整洁、安全，温、湿度适宜。

自身准备：着装整齐、修剪指甲、洗净双手、未佩戴任何首饰。

物品准备：幼儿仿真模型、幼儿餐具(小碗、勺子、水杯)、餐垫、幼儿餐桌椅、围嘴、小方巾、记录本、笔、手消毒液等物品准备齐全。

幼儿评估：幼儿不专心吃饭，易受环境干扰，无厌食，有焦虑心理。

三、计划

"我的预期目标：①对幼儿及其家长顺利完成餐前教育；②培养幼儿良好的进餐习惯。"

四、实施

"下面我开始实施。"

1.进餐前准备。

(1)指导幼儿洗手。"容容，吃饭时间到了，我们一起去上厕所、洗手。

容容，你的小手洗干净了吗？洗干净了呀！那我们一起去取围嘴和餐垫吧。"

(2)协助幼儿做好餐前准备(边口述，边操作)。"容容，我们摆好自己的小碗、勺子、水杯，戴好围嘴，在餐椅上坐好，脚要平放，身体坐正，靠近餐椅，不左右倾斜，不佝腰，不耸肩，前臂自然放在餐桌的边缘处。"

2. 进餐训练。

(1)注意饮食卫生和就餐礼仪："容容，吃饭的时候不能大声说话，也不能看视频哦。"

(2)训练幼儿使用餐具："请开始用餐吧，容容，我们要左手扶碗，右手拿着勺子，然后用勺子舀着好吃的食物，一口一口地送到嘴巴里面，吃东西的时候千万不要东张西望哦。真棒!"

(3)合理控制进餐时间："容容，我们要在30分钟内吃完饭哦，现在老师开始计时了。"

(4)进食速度要适当："跟老师一起，慢慢吃，吃完一口，再吃另一口。"

(5)"容容，我们要把碗里的饭菜吃完才能长高。"

(6)"容容，吃饱了吗？吃饱了呀！那老师帮你取围嘴吧(记得将围嘴放在回收框里面)，再拿小毛巾擦擦小脸蛋和小嘴巴，还有下巴、小手，身上的小米粒也要擦干净哦(再将毛巾放入回收框)。现在请容容去黄老师那里洗手、漱口吧。"

3. 与家长沟通。

"容容妈妈，您好，容容今天有明显的进步，学会了自己吃饭，而且吃饭的速度也有了明显的提升。容容现在3岁了，很多事情要学会自己做了，平时在家的时候，您也可以尝试让容容自己吃饭，在进餐的时候您要让容容养成良好的进餐习惯，千万不能边玩边吃，您也不能追着喂哦。长期坚持良好的进餐原则，慢慢地，容容的饮食习惯就会越来越好的。

4. 结束环节。

整理用物，洗手，记录(幼儿进餐情况)。"经过指导，容容能自己在规定的时间内吃完饭。"

"报告考评员老师，操作完毕。"

评价活动

一、评价量表

评价量表见表8－1。

表8－1　评价量表

评价项目	评价要点	分值	师评分	自评分	组评分	平均分	合计
学习态度 （20分）	按时完成自主学习任务	10					
	认真按讲义练习	5					
	动作轻柔，爱护模型（教具）	5					
合作交流 （30分）	按流程规范操作，动作熟练	10					
	按小组分工合作练习	10					
	与家长和幼儿沟通有效	10					
学习效果 （50分）	按操作评分标准评价（表8－2），将100分折合为50分						
合计							

表8－2　幼儿进餐指导的评分标准

考核内容		考核点	分值	评分要求	扣分	得分	备注
评估 （15分）	幼儿	年龄、饮食习惯、饮食环境	4	未评估扣4分；评估不完整扣1～3分			
		心理情况，如有无焦虑心理	2	未评估扣2分；评估不完整扣1分			

考核内容		考核点	分值	评分要求	扣分	得分	备注
实施 (60分)	环境	干净、整洁、安全，温、湿度适宜	3	未评估扣3分；评估不完整扣1~2分			
	照护者	着装整齐，洗手	3	不规范扣3分			
	物品	用物准备齐全	3	少一个扣1分，扣完3分为止			
	进餐前准备	幼儿洗净双手	2	未完成扣2分			
		协助幼儿做好餐前准备（口述）	3	未口述扣3分			
	进餐训练	注意饮食卫生和就餐礼貌	5	未注意扣5分			
		训练幼儿使用餐具	5	训练方法不妥扣5分			
		合理控制进餐时间	5	未设置时间扣5分			
		进食速度要适当	15	未引导扣5分；态度急促、催促扣10分			
		进食总量要适度，不挑食（口述）	10	未口述扣10分			
		进餐结束后协助清洁卫生	5	未协助扣5分			
	整理、记录	整理用物	5	未整理扣5分；整理不到位扣1~4分			
		洗手	2	未正确洗手扣2分			
		记录幼儿进餐情况	3	未记录扣3分；记录不完整扣1~2分			
评价 (20分)		操作规范，动作熟练	5	不规范或不熟练扣5分			
		幼儿能愉快完成进餐	5	幼儿不配合扣5分			
		态度和蔼，操作过程动作轻柔，关爱幼儿	5	态度不端正扣5分			
		与家长沟通有效，取得合作	5	沟通不畅扣5分			
总分			100	—			

二、总结与反思

实训九 幼儿如厕指导

▷ **任务情境**

贝贝，男，2岁，因家长工作安排，需要白天在托育园生活，也玩得特别开心，但是老师发现贝贝不喜欢喝水，询问后才知道他不愿意在托育园上厕所。他觉得托育园的厕所跟家里的不一样，多喝水就会多上厕所。老师耐心解释后也没有好转，很是焦虑。

任务：对于贝贝的情况，作为照护者，你应该如何正确地指导他如厕？

▷ **任务目标**

1. 能说出影响幼儿如厕的因素。
2. 能识别幼儿如厕训练的时机。
3. 能正确指导幼儿如厕。
4. 能在操作中关心和保护好幼儿。

▷ **知识准备**

1. 登录相关平台进行学习、模拟刷题。
2. 进入相关班级群并完成任务单。

▶ 任务实施

一、设施设备

照护床 1 张、椅子 1 把。

二、用物准备

幼儿仿真模型 1 个、便盆 1 个、小内裤和长裤各 1 条、湿巾 1 包、毛巾 1 条、垃圾桶 1 个、记录本 1 册、笔 1 支、手消毒液 1 瓶(图 9-1)。

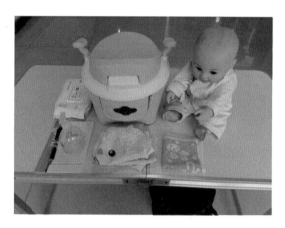

图 9-1 幼儿如厕指导的用物准备

三、人员准备

照护者具备幼儿如厕指导的相关知识和操作技能,着装整齐。

四、实施步骤

实施步骤见图 9-2。

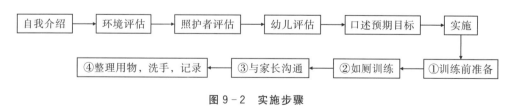

图 9-2 实施步骤

具体操作流程（考试流程）

一、自我介绍

"尊敬的考评员老师好，我是××号考生，今天我考试的项目是幼儿如厕指导。"

二、评估

环境准备：干净、整洁、安全，温、湿度适宜。

自身准备：着装整齐、修剪指甲、去掉饰品、洗净双手。

物品准备：幼儿仿真模型、便盆、小内裤、长裤、湿巾、毛巾、垃圾桶、记录本、笔、手消毒液等物品准备齐全。

幼儿评估：幼儿如厕环境和习惯改变，不愿意在学校上厕所，情绪紧张、焦虑。

三、计划

"我的预期目标是幼儿能正确如厕、身心舒适。"

四、实施

"下面我开始实施。"

1. 如厕训练前准备。

"贝贝，你是因为不知道如何上厕所，所以才不愿意喝水的吗？没关系，今天我们来学习自己上厕所。贝贝学会了，以后想上厕所了就可以自己去，对不对？贝贝真棒，愿意自己的事情自己做，下次如果还有什么困难，一定要告诉老师哦，我会跟你一起解决的。"

2. 如厕训练。

(1)发出"排便信号"："贝贝，如果想上厕所了，会有什么感觉呢？哦，肚子会有点痛痛的,还会放屁对不对?贝贝真棒,下次如果有这种感觉的时候,一定要记得跟老师说"嘘嘘"或"便便",也可以直接拉着老师的手去厕所,好不好?哦,现在就想去了是吗?好的,老师带你去。"

(2)脱裤子:"贝贝,还记得怎么脱裤子吗?对啦,小手拉住小裤腰,一脱脱到膝盖下,用力往下脱,对了,这样裤子就不会被弄湿了。"

(3)引导幼儿坐在便盆上:"贝贝,这是马桶,如果你想上厕所,就要坐到这个小马桶上哦。好,我们来坐上去吧。"

(4)排便:打开水龙头,让幼儿听"哗哗"的水声,然后用"嘘嘘"声诱导排小便,用"嗯嗯"声诱导排大便。"贝贝,拉出来了吗?"

(5)清洁肛门:"贝贝,拉完了是吗?来,翘起屁股,把屁股擦干净,记得要把擦过的纸巾丢到垃圾桶里哦。好了,屁股擦干净了,把裤子提起来吧。对了,小手拉住小裤腰,往上提,提到腰部就可以了,衣服也要整理一下哟。接下来我们还要干嘛呢?对了,不要忘了冲厕所哦,嗯,贝贝真棒。"

(6)洗手:"贝贝,下面我们去洗手吧。还记得怎么洗手吗?对了,用七步洗手法,贝贝的动作很正确哦,把手洗干净了,再来擦干手吧。好啦,现在请贝贝回到自己的位置上,去休息一下吧。"

3. 与家长沟通。

"贝贝妈妈,您好,贝贝在托育园不喜欢喝水,因为他觉得别人都会上厕所,他还不会,觉得有点丢脸,所以不喜欢在托育园里上厕所。今天老师教了贝贝如何自己上厕所,贝贝没有排斥,很顺利地完成了。平时在家的时候,您不要给他太多压力,要多鼓励他,让他自己上厕所,这样有利于提高他的自理能力并增强他的自信心。"

4. 结束环节。

整理用物,洗手,记录。"经过指导,贝贝学会正确如厕。"

"报告考评员老师,操作完毕。"

▶ 评价活动

一、评价量表

评价量表见表 9-1。

表 9 - 1　评价量表

评价项目	评价要点	分值	师评分	自评分	组评分	平均分	合计
学习态度 （20 分）	按时完成自主学习任务	10					
	认真按讲义练习	5					
	动作轻柔，爱护模型（教具）	5					
合作交流 （30 分）	按流程规范操作，动作熟练	10					
	按小组分工合作练习	10					
	与家长和幼儿沟通有效	10					
学习效果 （50 分）	按操作评分标准评价（表 9 - 2），将 100 分折合为 50 分						
合计							

表 9 - 2　幼儿如厕指导的评分标准

考核内容		考核点	分值	评分要求	扣分	得分	备注
评估 （15 分）	幼儿	独立意识、如厕习惯、如厕意愿	4	未评估扣 4 分；评估不完整扣 1～3 分			
		心理情况，如有无紧张、焦虑心理	2	未评估扣 2 分；评估不完整扣 1 分			
	环境	干净、整洁、安全，温、湿度适宜	3	未评估扣 3 分；评估不完整扣 1～2 分			
	照护者	着装整齐	3	不规范扣 3 分			
	物品	用物准备齐全	3	少一个扣 1 分，扣完 3 分为止			
计划 （5 分）	预期目标	幼儿正确如厕、身心舒适（口述）	5	未口述扣 5 分			
实施 （60 分）	如厕前准备	幼儿了解如厕训练（口述）	2	未口述扣 2 分			
		激发幼儿训练的学习热情（口述）	3	未口述扣 3 分			

续表

考核内容		考核点	分值	评分要求	扣分	得分	备注
	如厕训练	发出"排便信号"	5	未询问扣5分			
		脱裤子	5	动作粗暴扣5分;位置不妥扣1~4分			
		坐在便器上	5	强迫幼儿坐下扣5分			
		排便	15	未用声音引导扣5分;态度急促、催促扣10分			
		清洁肛门	10	未清洁扣10分;清洁不到位扣1~9分			
		指导幼儿洗手	5	未正确洗手扣5分			
	整理、记录	整理用物	5	未整理扣5分;整理不到位扣1~4分			
		洗手	2	未正确洗手扣2分			
		记录照护措施及幼儿情况	3	未记录扣3分;记录不完整扣1~2分			
评价(20分)		操作规范,动作熟练	5	不规范或不熟练扣5分			
		幼儿能正确如厕	5	未能正确如厕扣5分			
		态度和蔼,操作过程动作轻柔,关爱幼儿	5	态度不端正扣5分			
		与家属沟通有效,取得合作	5	沟通不畅扣5分			
总分			100	—			

二、总结与反思

实训十 幼儿遗尿现象的干预

▷ **任务情境**

彬彬，男，3岁，平时活泼好动，没有大问题令家长担忧。但是近半个月来，彬彬妈妈早上掀开彬彬的被子，多次发现床上有湿一大圈的情况，而彬彬则缩在角落哭泣。彬彬的爸爸妈妈最近多次因为经济与工作问题吵架，吵架时没有避开彬彬。对于彬彬的情况，爸爸妈妈也不知道怎么办才好。

任务：针对彬彬的情况，作为照护者，请正确进行幼儿遗尿现象的干预。

▷ **任务目标**

1. 能说出幼儿遗尿的危害。
2. 能说出幼儿遗尿的常见影响因素。
3. 能纠正幼儿遗尿习惯。
4. 能在操作中关心、爱护幼儿。

▷ **知识准备**

1. 登录相关平台进行学习、模拟刷题。
2. 进入相关班级群并完成任务单。

▶ **任务实施**

一、设施设备

照护床 1 张、椅子 1 把。

二、用物准备

幼儿仿真模型 1 个、幼儿睡前读物 1 本、音乐播放器 1 个、小夜灯 1 盏、室温计 1 个、记录本 1 册、笔 1 支、手消毒液 1 瓶(图 10-1)。

图 10-1 幼儿遗尿现象干预的物品准备

三、人员准备

照护者具备纠正幼儿遗尿习惯的相关知识和操作技能,着装整齐。

四、实施步骤

实施步骤见图 10-2。

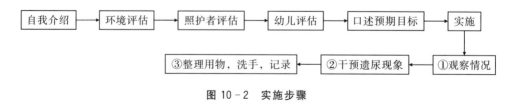

图 10-2 实施步骤

▷ **具体操作流程（考试流程）**

一、自我介绍

"尊敬的考评员老师好，我是××号考生，今天我考试的项目是幼儿遗尿现象的干预。"

二、准备与评估

环境准备：干净、整洁、安全，温、湿度适宜。

自身准备：着装整齐、修剪指甲、去掉饰品、洗净双手。

物品准备：幼儿睡前读物、音乐播放器、小夜灯、室温计、照护床、椅子、幼儿仿真模型、笔、记录本、手消毒液等物品准备齐全。

幼儿评估：彬彬以往无遗尿现象，近半个月来有此现象发生，每晚1次，量较多，情绪紧张、担心、害怕。

三、计划

"我的预期目标是幼儿遗尿现象得到纠正。"

四、实施

"下面我开始实施。"

1. 观察情况。

"彬彬妈妈，您好！彬彬最近身体有没有什么不舒服的地方？彬彬在睡觉之前有没有喝很多的水、饮料和汤呢？家人最近相处得怎么样？最近家里面有没有发生什么重要的事情或变化？彬彬在睡觉的时候有没有被吵过？睡觉的环境是不是很吵呢？家庭环境的变化，父母因为工作、生活琐事等一些问题产生的争执，成人的理解能力比较强，心理发育也比较成熟，所以相对来说受旁人的干扰会比较小。但是因为孩子的认知能力和心理状态都还处在正在发展的阶段，所以会呈现出敏感且理解能力较差的状态，通常他们对一件事情的理解会有偏差，而这种心理上的状态会直接影响到生理上的变化，从而导致彬彬出现了遗尿的现象。"

2. 干预遗尿现象。

(1)限制和控制幼儿行为："彬彬，马上就要开始睡觉了，我们不适宜再吃东西、喝水、喝饮料等。晚上吃饭的时候我们也没有喝很多的汤，对不对？"

(2)创造适于幼儿睡眠的环境："好了，我们准备去睡觉吧！来，把鞋子脱掉。好，摆整齐。彬彬妈妈，在睡觉的时候我们要把房间的光线、温度、湿度调到适宜状态，保持环境安静，床铺也要整理好哦。"

(3)播放轻松、柔和的音乐。"现在我们来讲睡前故事吧！好了，故事讲完了，彬彬睡觉吧！彬彬妈妈，如果彬彬还未能入睡，您可以轻拍彬彬并与他聊天，消除彬彬紧张、害怕、担心的情绪。"

(4)引导幼儿定时排尿："彬彬妈妈，平常白天的时候可以尽量让彬彬延长排尿的间隔时间，比如可以从每 0.5～1 小时 1 次延长至每 3～4 小时 1 次，以扩大膀胱容量；也可以尝试让彬彬在尿尿过程中中断排尿，数 1～10 个数后再将尿排尽，以增强膀胱的功能。"

(5)营造温馨的家庭环境："彬彬妈妈，最重要的是要营造温馨的家庭环境，您回家以后可以跟爸爸好好沟通一下，成人之间讨论事情有时候容易情绪起伏，发生争执是可以理解的。但是，要尽量避开宝贝，也可以跟彬彬一起聊一聊这件事情，以帮助他去理解，消除掉他的心理障碍。"

(6)及时就医："彬彬妈妈，如果这些方法尝试了 1 周以后，彬彬的遗尿现象还得不到纠正，那么就应该及时就医，进一步查找原因，然后遵医嘱治疗。"

3. 结束环节。

整理用物，洗手，记录。"经过干预，彬彬尿床次数明显减少，心理状态良好，睡眠质量有所提高。"

"报告考评员老师，操作完毕。"

▶ **评价活动**

一、评价量表

评价量表见表 10 - 1。

表 10 - 1　评价量表

评价项目	评价要点	分值	师评分	自评分	组评分	平均分	合计
学习态度 （20 分）	按时完成自主学习任务	10					
	认真按讲义练习	5					
	动作轻柔，爱护模型（教具）	5					
合作交流 （30 分）	按流程规范操作，动作熟练	10					
	按小组分工合作练习	10					
	与家长和幼儿沟通有效	10					
学习效果 （50 分）	按操作评分标准评价（表 10 - 2），将 100 分折合为 50 分						
合计							

表 10 - 2　幼儿遗尿现象干预的评分标准

考核内容		考核点	分值	评分要求	扣分	得分	备注
评估 （15 分）	幼儿	目前是否有遗尿现象及目前的心理精神状况	3	未评估扣 3 分；评估不完整扣 1～2 分			
		以往遗尿的时间、次数、量	3	未评估扣 3 分；评估不完整扣 1～2 分			
	环境	干净、整洁、安全，温、湿度适宜	3	未评估扣 3 分；评估不完整扣 1～2 分			
	照护者	着装整齐，洗手	3	不规范扣 3 分			

考核内容		考核点	分值	评分要求	扣分	得分	备注
	物品	用物准备齐全	3	少一个扣1分,扣完3分为止			
计划 (5分)	预期目标	幼儿遗尿现象得到纠正(口述)	5	未口述扣5分			
实施 (60分)	观察情况	询问家长,幼儿有无导致遗尿的疾病	2	未询问扣2分			
		询问家长,幼儿睡前有无摄入大量饮料、水分及汤类;家庭成员最近相处是否和睦;家中环境是否适合睡眠等	3	未询问扣3分			
	干预遗尿现象	创造适于幼儿睡眠的环境:准备安静的环境,整洁的床铺,光线及温、湿度适宜,尽量减少不良干扰因素	10	未给幼儿准备安静的环境、整洁的床铺扣5分;光线及温、湿度不适扣3分;有不良干扰因素扣2分			
		给幼儿读准备好的睡前读物,播放有助于入睡的音乐,与幼儿聊天,消除幼儿担心、害怕、紧张的情绪	10	未给幼儿准备好的睡前读物扣5分;未与幼儿聊天扣5分			
		限制和控制幼儿行为:睡前忌进食、饮水过多,禁饮饮料;保证幼儿心情平稳与安静(口述)	5	未口述扣5分;口述不全扣1~4分			
		引导幼儿定时排尿:在日间嘱幼儿尽量延长排尿间隔时间,逐渐由每0.5~1小时1次延长至3~4小时1次,以扩大膀胱容量。也可以让幼儿在排尿过程中中断排尿,数1~10下以后再把尿排尽,从而增强膀胱功能(口述)	10	未口述扣10分;口述不全扣1~9分			

续表

考核内容		考核点	分值	评分要求	扣分	得分	备注
		营造温馨的家庭环境：父母及照护者不要在幼儿面前争吵，维持和睦的关系（口述）	5	未口述扣5分；口述不全扣1～4分			
		及时就医：若通过非医疗手段，幼儿遗尿习惯得不到纠正，则应及时就医，查找原因，遵医治疗，照护者积极配合（口述）	5	未口述扣5分；口述不全扣1～4分			
	整理、记录	整理用物	5	未整理扣5分；整理不到位扣1～4分			
		洗手	2	未正确洗手扣2分			
		记录照护措施、尿床次数、心理状态及睡眠质量	3	未记录扣3分；记录不完整扣1～2分			
评价（20分）		操作规范，动作熟练	5	不规范或不熟练扣5分			
		操作过程动作轻柔	5	动作不轻柔扣5分			
		态度和蔼，关爱幼儿	5	态度不端正扣5分			
		幼儿遗尿现象好转	5	未好转扣5分			
总分			100	—			

二、总结与反思

模块三

日常保健

实训十一 幼儿生命体征的测量

▷ 任务情境

　　某托育园为了提高老师的照护能力，开展幼儿生命体征测量比赛，新来的照护者小李不清楚怎么进行幼儿生命体征测量，因为她平时都是带孩子去医院看病的，偶尔会用手触摸一下孩子的额头进行体温判断。

　　任务：请为幼儿正确测量生命体征，并说一说测量生命体征时的注意事项。

▷ 任务目标

1. 能说出生命体征的意义及其生理性变化。
2. 能掌握幼儿生命体征测量的方法。
3. 能说出幼儿生命体征测量的注意事项。
4. 能在操作中关心和保护幼儿。

▷ 知识准备

1. 登录相关平台进行学习、模拟刷题。
2. 进入相关班级群并完成任务单。

任务实施

一、设施设备

照护床 1 张、椅子 1 把。

二、用物准备

幼儿仿真模型 1 个、体温计 1 支、血压计 1 台、听诊器 1 个、弯盘 2 个、治疗盘 1 个、纱布 3 块、棉球 2 个、纸巾 1 盒、挂表 1 个、记录本 1 册、笔 1 支、手消毒液 1 瓶、小毛巾 1 张、一次性垫巾 1 张(图 11-1)。

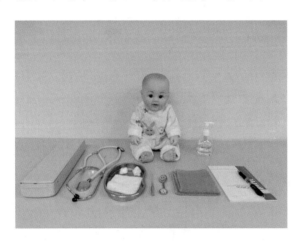

图 11-1　幼儿生命体征测量的用物准备

三、人员准备

照护者具备幼儿生命体征测量的相关知识和操作技能，着装整齐。

四、实施步骤

实施步骤见图 11-2。

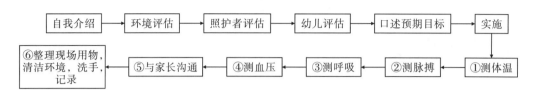

图 11－2　实施步骤

▶ 具体操作流程（考试流程）

一、自我介绍

"尊敬的考评员老师好！我是××号考生，今天我考试的项目是幼儿生命体征的测量。"

二、准备与评估

环境准备：环境舒适、安静，温、湿度适宜，能保护幼儿隐私。

自身准备：清洗双手、修剪指甲、去掉饰品、戴好口罩。

物品准备：幼儿仿真模型、记录本、笔、手消毒液、水银体温计、小毛巾、挂表、棉花、一次性垫巾、听诊器、血压计、弯盘等物品准备齐全。

幼儿评估：幼儿目前无发热、咳嗽，既往病情不详，30分钟内幼儿无剧烈活动、哭闹、情绪波动等异常情况。

三、计划

"我的预期目标：①正确测量幼儿的生命体征；②幼儿能正确配合测量。"

四、实施

"下面我开始实施。"

1. 测体温。

(1)"小朋友，能告诉老师你叫什么名字吗？你叫小宝是吗？好的，小宝，老师现在要给你测量生命体征，可以配合一下老师吗？我们要给你测量的第一个是体温，现在老师要解开你的衣服，看一看我们腋下的皮肤好不好，你放心，房间的温度已经调好了，不会着凉的。"确认幼儿腋下皮肤无破损，用毛巾擦拭幼儿腋下的汗渍。

(2)取消毒好的体温计，将体温计刻度甩至 35 ℃以下，将体温计水银端置于幼儿腋窝深处，协助幼儿屈臂过胸并夹紧，看表，测量 10 分钟（口述）。

(3)10 分钟已到（口述），取出体温计，36.2 ℃，体温正常。

2. 测脉搏。

(1)"小宝，你放心，我们刚刚测量体温是正常的，接下来老师要给你测量脉搏。"

(2)协助幼儿取舒适体位，手臂放松，置于床上，将幼儿手臂上抬，操作者用食指、中指、无名指的指腹按压幼儿桡动脉搏动处，力度适中，以能感受到脉搏搏动为宜，平放于测量处测试 30 秒（如有异常，则可测量 1 分钟）。

(3)脉搏 110 次/分（口述）。

3. 测呼吸。

(1)"小宝，不要紧张。接下来老师要给你测量呼吸了，你放心，也不要紧张，老师会一直陪着你，好不好？"

(2)将手仍按在桡动脉搏动处，测量幼儿呼吸，时间 30 秒，观察幼儿胸部或腹部起伏，一起一伏为一次呼吸。

(3)幼儿呼吸频率为 24 次/分。如幼儿呼吸存在异常，则应测量 1 分钟。若气息微弱或不易观察，则应用少许棉花进行测量，观察棉花被吹动的次数。

4. 测血压。

(1)"小宝，把手伸出来，老师帮你测量血压。"

(2)取合适体位：临床上儿童常取坐位，幼儿取仰卧位，露出手臂至肩部，伸直肘部，手掌向上，放平血压计，使血压计水银柱的零刻度和肱动脉、心脏处于同一水平面。

(3)缠袖带：选择合适的袖带，用一次性垫巾置于幼儿肘窝上 2~3 cm 处，包好袖带，松紧以能放入 1 指为宜，打开水银槽开关。

(4)将听诊器胸件放于肱动脉搏动处，轻轻加压固定，关闭阀门，打气至肱动脉搏动音消失。

(5)加压与放气：一手握住气球，向袖带内充气，至肱动脉搏动音消失，再升高 20~30 mmHg，然后以每秒 4 mmHg 的速度慢慢放气。

(6)血压：84 mmHg/56 mmHg。"小宝，我们已经测量完了，老师帮你整理一下，不要着急。"

(7)关闭血压计，将一次性垫巾放入医用垃圾袋中。

(8)整理床单位，取舒适体位。"小宝，老师已经给你测量完了，现在让妈妈陪着你在这里休息一下，老师去把东西整理好，如果你有什么不舒服，就及时告诉妈妈和老师，好不好？"

5. 与家长沟通。

"小宝妈妈，您好，刚才我已经给孩子进行了生命体征测量，体温是 36.2 ℃，脉搏是 110 次/分，呼吸是 24 次/分，血压是 84 mmHg/56 mmHg，您放心，孩子的结果都是正常的。生命体征是监测孩子健康状况最基本的一个指标，您平时在家里也可以给孩子进行测量，随时观察孩子的情况变化。"

6. 结束环节。

整理用物，洗手，记录(小宝的体温为 36.2 ℃，脉搏为 110 次/分，血压为 84 mmHg/56 mmHg，呼吸为 24 次/分，生命体征正常)，脱掉口罩。

"报告考评员老师，操作完毕。"

▶ **评价活动**

一、评价量表

评价量表见表 11－1。

表 11－1　评价量表

评价项目	评价要点	分值	师评分	自评分	组评分	平均分	合计
学习态度 （20分）	按时完成自主学习任务	10					
	认真按讲义练习	5					
	动作轻柔，爱护模型（教具）	5					
合作交流 （30分）	按流程规范操作，动作熟练	10					
	按小组分工合作练习	10					
	与家长和幼儿沟通有效	10					
学习效果 （50分）	按操作评分标准评价（表 11－2），将 100 分折合为 50 分						
合计							

表 11－2　生命体征测量的评分标准

考核内容		考核点	分值	评分要求	扣分	得分	备注
评估 （15分）	幼儿	年龄、性别、病情及治疗情况	4	未评估扣 4 分；评估不完整扣 1～3 分			
		操作前 30 分钟有无剧烈活动、情绪波动、哭闹等影响测量结果的因素	2	未评估扣 2 分；评估不完整扣 1 分			
	环境	环境舒适、安静，温、湿度适宜，能保护幼儿隐私	3	未评估扣 3 分；评估不完整扣 1～2 分			
	照护者	着装整齐，洗手	3	不规范扣 3 分			

考核内容		考核点	分值	评分要求	扣分	得分	备注
	物品	用物准备齐全	3	少一个扣1分,扣完3分为止			
计划 (5分)	预期 目标	正确测量生命体征;幼儿能正确配合测量(口述)	5	未口述扣5分			
实施 (60分)	测体温 (腋温 为例)	再次核对,取准确体位:向幼儿及家长说明注意事项,解开衣扣,擦干腋下	2	体位不准确扣2分			
		正确指导:将体温计水银端置腋窝深处紧贴皮肤,指导/协助幼儿屈臂过胸并夹紧(口述)	4	未口述扣4分			
		测量时间:10分钟后取出,检测读数	2	时间不正确扣2分			
		读数及记录:读数准确、记录及时	2	读数不准确扣1分;记录不及时扣1分			
	测脉搏	再次核对,取准确体位:协助幼儿取舒适的姿势,将手臂轻松放置于床上或桌面	2	体位不准确扣2分			
		正确测量:用食指、中指、无名指的指腹按压桡动脉,力度适中,以能感受到脉搏搏动为宜,平放于测量处测试30秒(如有异常,则可测量1分钟)	3	方法错误扣3分			
		正确记录:脉搏记录为次/分	2	方法不对扣2分			
		异常脉搏测量:对脉搏短绌的幼儿需两名照护者同时测量(口述)	2	未口述扣2分			

考核内容		考核点	分值	评分要求	扣分	得分	备注
	测呼吸	有效沟通，幼儿放松：将手按在桡动脉处，观察幼儿胸或腹部起伏	2	方法不对扣2分			
		测量正确：数30秒，乘以2	2	测量错误扣2分			
		异常呼吸测量：如有异常，则数1分钟；对气息微弱或不易观察者，可用少许棉花，观察棉花吹动的次数	3	测量错误扣3分			
		正确记录：呼吸记录为次/分	2	方法不对扣2分			
	测血压	核对、解释，取合适体位：尽量在坐位下测量右上肢血压，最好坐靠背椅，保证右上肢得到支撑。临床上儿童常取坐位，幼儿取仰卧位，露出手臂至肩部，伸直肘部，手掌向上，放平血压计，使血压计水银柱的零刻度和肱动脉、心脏处于同一水平面	3	方法不对扣3分			
		缠袖带：袖带的大小对于血压的准确测量很重要。通常根据被测儿童的上臂大小选择合适的袖带，用一次性袖带垫巾缠于肘窝上2～3 cm，在垫巾上缠绕好袖带，松紧以能放入1指为度，打开水银槽开关	3	方法不对扣3分			
		听诊器胸件放置恰当：将听诊器胸件放于肱动脉搏动处，轻轻加压固定，关闭气门，打气至肱动脉搏动音消失	3	方法不对扣3分			

考核内容	考核点	分值	评分要求	扣分	得分	备注
	加压与放气：用手握住气球，向袖带内充气，至肱动脉搏动音消失，再升高20~30 mmHg，然后以每秒4 mmHg的速度慢慢放气	3	方法不对扣3分			
	血压读数准确：准确测量收缩压、舒张压的数值	2	不准确扣2分			
	正确记录：血压记录为收缩压/舒张压	2	不正确扣2分			
	物品初步处理：关闭血压计，将一次性垫巾放入医用垃圾袋中	2	方法不对扣2分			
	整理床单位，取舒适体位	2	未整理扣2分			
测量后处理	及时消毒双手，摘口罩	5	未消毒双手扣3分；未摘口罩扣1~2分			
	告知幼儿及家长测量结果，合理解释，正确记录	2	未记录扣2分；记录不完整扣1~2分			
	健康教育到位	5	未进行健康教育扣5分			
评价(20分)	操作规范，动作熟练	5	不规范或不熟练扣5分			
	测量结果准确，合理解释，健康教育到位	5	不符合要求扣5分			
	态度和蔼，操作过程动作轻柔，关爱幼儿	5	态度不端正扣5分			
	在规定时间内完成	5	超时扣5分			
总分		100	—			

二、总结与反思

实训十二　热性惊厥幼儿的急救处理

▷ 任务情境

欣欣，女，2岁半，早上出现现流涕、咳嗽、高热，体温达39.4 ℃，服用退热药物后效果不明显，还是去了托育园。中午突然间欣欣全身抽动、口吐白沫、双眼上翻。

任务：请问欣欣出现了什么危险？照护者应如何处理欣欣的危险？

▷ 任务目标

1. 能说出引起幼儿热性惊厥的原因。
2. 能识别幼儿热性惊厥的表现。
3. 能正确对热性惊厥幼儿进行急救处理。
4. 能保护幼儿安全，体现人文关怀。

▷ 知识准备

1. 登录相关平台进行学习、模拟刷题。
2. 加入相关班级群并完成任务单。

▷ 任务实施

一、设施设备

照护床1张、椅子1把。

二、用物准备

幼儿仿真模型1个、纱布3块、治疗盘1个、弯盘1个、手电筒1个、记录本1册、笔1支、手消液1瓶(图12-1)。

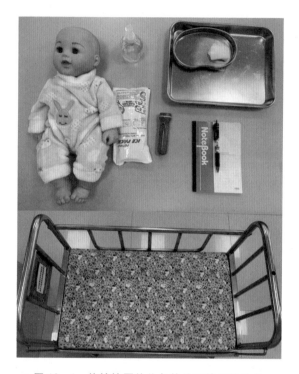

图 12-1　热性惊厥幼儿急救处理的用物准备

三、人员准备

照护者具备热性惊厥幼儿紧急处理的相关知识和操作技能，着装整齐。

四、实施步骤

实施步骤见图12-2。

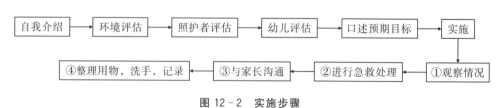

图 12-2　实施步骤

▷ 具体操作流程（考试流程）

一、自我介绍

"尊敬的考评员老师好，我是××号考生，今天我考试的项目是热性惊厥幼儿的急救处理。"

二、准备与评估

环境准备：环境干净、整洁、安全，温、湿度适宜，保护幼儿隐私。

自身准备：着装整齐、戴口罩、修剪指甲、洗净双手。

物品准备：幼儿仿真模型、治疗盘、弯盘、手电筒、纱布、记录本、笔、手消毒液等物品准备齐全。

幼儿评估：欣欣早上出现流涕、咳嗽，体温高达 39.4 ℃，中午在托育园突然出现意识不清、口吐白沫、双眼上翻的情况。

三、计划

"我的预期目标是幼儿安全，无外伤和窒息发生，未再次发生热性惊厥，及时将幼儿送往医院救治。"

四、实施

"下面我开始实施。"

1. 观察情况。

(1)幼儿全身抽动、口吐白沫、双眼上翻。

(2)皮肤无外伤，有窒息的危险。

(3)记录开始时间。

2. 进行急救处理。

(1)立即使幼儿平卧,头偏向一侧。

(2)解开幼儿的衣领、裤带。

(3)用纱布及时清除幼儿口、鼻腔分泌物和呕吐物,保持呼吸道通畅。

(4)按压穴位止惊:按压人中穴(人中沟上1/3与下2/3交界处)止惊;按压合谷穴(操作者将一手拇指第一横纹置于幼儿虎口处)止惊。

(5)取纱布并放于幼儿手下或腋下(防止幼儿皮肤摩擦受损)。

(6)移开幼儿床上的硬物,以防止碰伤幼儿。

(7)在床边加设床栏,以防止幼儿出现外伤或坠床。

(8)根据幼儿发热情况,在其前额、手心、腹股沟等处放置冷毛巾、冰袋或使用退热贴进行物理降温。

(9)观察幼儿生命体征、意识状态、瞳孔的变化。

(10)待症状缓解后,迅速将幼儿送至医院。

(11)记录结束时间。

3. 与家长沟通。

"欣欣妈妈,您好,我是托育园老师,中午欣欣发生了热性惊厥,经过初步处理,目前已经意识清醒并被安全地送往医院,希望您能赶往医院与我们会合。好的,那我在医院等您,再见。"

4. 结束环节。

整理用物,洗手,记录(病情发作持续时间及救护过程)。

"报告考评员老师,操作完毕。"

▶ **评价活动**

一、评价量表

评价量表见表12-1。

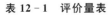

表 12 - 1 评价量表

评价项目	评价要点	分值	师评分	自评分	组评分	平均分	合计
学习态度 (20分)	按时完成自主学习任务	10					
	认真按讲义练习	5					
	动作轻柔，爱护模型(教具)	5					
合作交流 (30分)	按流程规范操作，动作熟练	10					
	按小组分工合作练习	10					
	与家长和幼儿沟通有效	10					
学习效果 (50分)	按操作评分标准评价(表12-2)，将100分折合为50分						
合计							

表 12 - 2 热性惊厥幼儿急救处理的评分标准

考核内容		考核点	分值	评分要求	扣分	得分	备注
评估 (15分)	幼儿	生命体征、意识状态	4	未评估扣4分；评估不完整扣1~3分			
		皮肤情况	2	未评估扣2分；评估不完整扣1分			
	环境	干净、整洁、安全，温、湿度适宜	3	未评估扣3分；不完整扣1~2分			
	照护者	着装整齐	3	不规范扣3分			
	物品	用物准备齐全	3	少一个扣1分，扣完3分为止			
计划 (5分)	预期目标	幼儿安全，无外伤和窒息发生，未再次发生热性惊厥，被及时送至医院救治(口述)	5	未口述扣5分			

续表

考核内容		考核点	分值	评分要求	扣分	得分	备注
实施 (60分)	观察 情况	幼儿热性惊厥发作程度和伴随症状(口述)	5	未口述5分			
		幼儿有无外伤、窒息的危险(口述)	5	未口述5分			
	急救处理	幼儿体位正确	3	不正确扣3分			
		解开幼儿衣领、裤带	5	未做扣5分;欠标准扣1~4分			
		清除口、鼻腔分泌物和呕吐物方法正确	10	方法不对扣10分;欠妥扣1~9分			
		针刺或指压穴位正确	5	按压位置错误扣5分;方法欠标准扣1~4分			
		将纱布放于幼儿手下或腋下	3	未做扣3分			
		移开床上硬物,保护幼儿安全	3	未做扣3分			
		在床边加设床栏	3	未做扣3分			
		物理降温方法正确(口述)	5	未口述扣5分			
		观察幼儿生命体征,意识状态、瞳孔等(口述)	3	未口述扣3分			
		缓解后迅速将幼儿送至医院(口述)	2	未口述扣2分			
	整理、记录	整理用物,安排幼儿休息	3	未做扣3分			
		洗手	2	未正确洗手扣2分			
		记录病情发作、持续时间和救护过程	3	未记录扣3分;记录不完整扣1~2分			
评价 (20分)		操作规范,动作熟练	5	不规范或不熟练扣5分			
		保护幼儿安全	5	不符合要求扣5分			
		态度和蔼,操作过程动作轻柔,关爱幼儿	5	态度不端正扣5分			
		与家属沟通有效,取得合作	5	沟通不畅扣5分			
总分			100	—			

二、总结与反思

实训十三　幼儿冷水浴锻炼

▷ **任务情境**

　　雯雯，女，1岁半，比同龄孩子体重偏重，身体素质较差，平素遇气候变化容易感冒，且每次一感冒就会出现咳嗽、气喘的表现。立夏以来，气温升高，生活老师计划给雯雯进行冷水浴锻炼，以逐步增强其体质。

　　任务：作为照护者，你应该如何正确帮助和指导幼儿进行冷水浴锻炼？

▷ **任务目标**

1. 能解释冷水浴锻炼的作用原理。
2. 正确帮助或指导幼儿进行冷水浴锻炼。
3. 能在操作中关心和保护好幼儿。
4. 能与幼儿进行有效沟通。

▷ **知识准备**

1. 登录相关平台进行学习、模拟刷题。
2. 进入相关班级群并完成任务单。

▶ 任务实施

一、设施设备

桌子 1 张、椅子 1 张。

二、用物准备

幼儿仿真模型 1 个、室内温度计 1 个、室内湿度计 1 个、水温计 1 支、浴盆 1 个、大毛巾 1 条、衣裤 1 套、围裙 1 张、喷水壶 1 个、冷水壶 1 个、水杯 1 个(内装少量温糖水)、记录本 1 册、笔 1 支、手消毒液 1 瓶(图 13 - 1)。

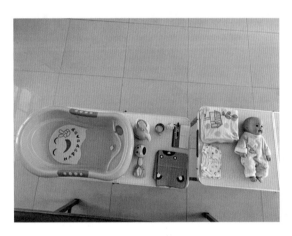

图 13 - 1　幼儿冷水浴锻炼的用物准备

三、人员准备

照护者具备指导幼儿进行冷水浴锻炼的相关知识和操作技能,着装整齐。

四、实施步骤

实施步骤见图 13 - 2。

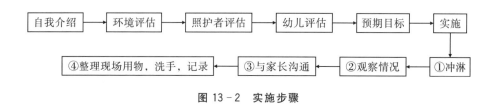

图 13-2　实施步骤

具体操作流程（考试流程）

一、自我介绍

"尊敬的考评员老师好！我是××号考生，今天我考试的项目是幼儿冷水浴锻炼。"

二、准备与评估

环境准备：环境干净、整洁、安全，温、湿度适宜。

自身准备：着装整齐、修剪指甲、去掉饰品、清洗双手。

物品准备：幼儿仿真模型、记录本、笔、手消毒液、冷水壶、喷水壶、水杯(内装少量温糖水)、水温计、浴盆、围裙、大毛巾、干净衣物等物品准备齐全。

幼儿评估：幼儿目前身体健康、精神饱满、情绪稳定、心情愉悦。

三、计划

"我的预期目标：①幼儿冷水浴锻炼顺利实施；②幼儿主动配合、心情愉悦。"

四、实施

"下面我开始实施。"

1. 冲淋。

开始实施，佩戴围裙。

(1)测水温。已放好适宜温水，测温，水温 35 ℃，温度适宜。

(2)给雯雯做热身运动。"雯雯，准备要做冷水浴啦，我们先来做一做热身运动，好不好？嗯，好。老师先帮你伸一伸手，1、2、3、4、5、6、7、8。好啦，那我们再来蹬一蹬腿，1、2、3、4、5、6、7、8。好啦，雯雯，我们的热身运动做完啦。老师现在就准备带你去做冷水浴，老师先帮你脱掉衣服，好不好？你放心，环境的温度都已经调好啦，不会着凉的。嗯，好，雯雯，我们衣服都已经脱完啦，老师现在就抱你过去做冷水浴了，好不好？嗯，好，我们慢一点。"

(3)抱起雯雯，放到浴盆中。"好，我们站在浴盆里面，站稳了没有，好啦，我们要开始喽。"取适量冷水，将冷水倒到喷水壶内，水温 28 ℃。

(4)顺序："先冲一冲我们的小手臂，还有一只，再冲一冲我们的胸部、背部，最后是小腿，还有小脚。好啦，雯雯，我们已经做完啦。"

(5)冲淋时，不可冲淋幼儿头部，动作应迅速。淋浴时，喷头不宜高过幼儿头顶 40 cm。"雯雯，老师现在帮你去擦干一下。"

(6)将幼儿抱到操作台，搓擦幼儿身体，至皮肤发红。给幼儿穿好衣物。"雯雯，老师已经帮你穿好衣服了，你看，这件衣服是不是很漂亮？嗯，那你先在这里休息一下，老师去把东西整理好，然后过来陪你，好不好？如果有什么不舒服的，一定要告诉老师，嗯，好。"

(7)冷水浴锻炼选择要点：冷水浴适用于较大的幼儿(2 岁左右)；最好从夏季开始；具体开始时间因人而异。

2. 冷水浴锻炼的注意事项(观察情况)。

在操作过程中，应密切观察幼儿状态。如幼儿感觉寒冷、出现寒战，则应立即停止冷水浴，擦干身体，给予保暖，安排幼儿在室内休息，适当口服温开水或糖水。

3. 整理用物。

整理用物,洗手,记录(幼儿的表现和照护措施)。

"报告考评员老师,操作完毕。"

▶ 评价活动

一、评价量表

评价量表见表13-1。

表13-1 评价量表

评价项目	评价要点	分值	师评分	自评分	组评分	平均分	合计
学习态度 (20分)	按时完成自主学习任务	10					
	认真按讲义练习	5					
	动作轻柔,爱护模型(教具)	5					
合作交流 (30分)	按流程规范操作,动作熟练	10					
	按小组分工合作练习	10					
	与家长和幼儿沟通有效	10					
学习效果 (50分)	按操作评分标准评价(表13-2),将100分折合为50分						
合计							

表13-2 幼儿冷水浴锻炼的评分标准

考核内容		考核点	分值	评分要求	扣分	得分	备注
评估 (15分)	幼儿	身体状况	2	未评估扣2分;评估不完整扣1分			
		精神与情绪状态	2	未评估扣2分;评估不完整扣1分			

考核内容		考核点	分值	评分要求	扣分	得分	备注
	环境	干净、整洁、安全，温、湿度适宜	4	未评估扣4分；评估不完整扣1～3分			
	照护者	着装整洁、去除饰品、剪短指甲、洗净双手	4	不规范扣4分			
	物品	用物准备齐全	3	少一个扣1分，扣完3分为止			
计划（5分）	预期目标	幼儿冷水浴锻炼顺利实施；幼儿主动配合，心情愉悦（口述）	5	未口述扣5分			
实施（60分）	冲淋	浴盆里放好适宜温度（水温为35 ℃，每3天降1 ℃，直至下降到28 ℃左右）的温水	5	未试水温扣5分			
		给幼儿做热身运动，然后让其站在盛有温水的浴盆里	3	未给幼儿做热身运动扣3分；操作不正确扣1～2分			
		提起冷水壶（水温为28 ℃左右）冲淋	3	方法不正确扣3分			
		按照上肢—胸背—下肢的顺序操作	6	顺序不对扣6分；欠标准扣1～5分			
		冲淋时，不可冲淋头部，动作要迅速	4	方法不对扣4分；方法欠标准扣1～3分			
		淋浴时，喷头不宜高过婴幼儿头顶40 cm	4	方法不对扣4分；欠标准扣1～3分			
		冷水浴锻炼要点：①冷水浴适用于较大的幼儿（2岁左右）；②最好从夏季开始；③具体的开始时间因人而异	15	一项不正确扣5分			

考核内容		考核点	分值	评分要求	扣分	得分	备注
	观察情况	操作过程中密切关注幼儿的情况,若幼儿感觉寒冷、出现寒战,则应立即停止,擦干身体,给予保暖和室内休息,适当口服温开水或糖水,并随时观察	5	未观察扣5分			
	整理、记录	用大毛巾擦干幼儿身体,要求擦至皮肤发红	6	未擦干身体扣3分;未擦至皮肤发红扣3分			
		安排幼儿休息	2	未安排扣2分			
		整理用物	2	未整理扣2分;整理不到位扣1分			
		洗手	2	未正确洗手扣2分			
		记录幼儿表现和照护措施	3	未记录扣3分;记录不完整扣1~2分			
评价(20分)		操作规范,动作熟练	5	不规范或不熟练扣5分			
		动作轻柔	5	动作粗暴扣5分			
		态度和蔼,与幼儿沟通有效,取得合作	5	沟通不畅扣5分			
		安全意识强,操作中保护和关爱幼儿	5	无安全意识扣5分			
总分			100	—			

二、总结与反思

实训十四　心肺复苏技术

▷ **任务情境**

　　大宝，女，2岁。当托育园老师给大宝喂食香蕉时，发现她大张着嘴，却一点声音也发不出来，满脸通红。一开始，老师尝试把手伸进大宝嘴里抠，但没有效果，于是给她喂水，也没起到作用。连喝几口水之后，大宝的脸色开始变紫，紧接着意识丧失，无呼吸和脉搏。老师赶紧拨打"120"，等待医务人员的到来。

　　任务：对于大宝的情况，作为照护者，你应该如何处理？

▷ **任务目标**

　　1. 能识别幼儿发生心跳、呼吸骤停的表现。

　　2. 能快速、正确地使用心肺复苏技术进行急救。

　　3. 能识别心肺复苏的有效指征。

　　4. 能在操作中体现人文关怀，思维敏捷，判断准确。

▷ **知识准备**

　　1. 登录相关平台进行学习、模拟刷题。

　　2. 进入相关班级群并完成任务单。

▷ **任务实施**

一、设施设备

硬板床1张、椅子1把。

二、用物准备

幼儿仿真模型1个、纱布2块、手电筒1个、弯盘1个、记录本1册、笔1支、手消毒液1瓶、计时器1个(图14-1)。

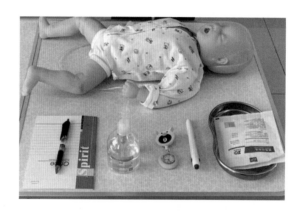

图 14-1 实施心肺复苏技术的用物准备

三、人员准备

照护者具备心肺复苏技术的相关知识和操作技能,着装整齐。

四、实施步骤

实施步骤见图14-2。

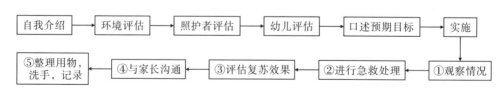

自我介绍 → 环境评估 → 照护者评估 → 幼儿评估 → 口述预期目标 → 实施

⑤整理用物,洗手,记录 ← ④与家长沟通 ← ③评估复苏效果 ← ②进行急救处理 ← ①观察情况

图 14-2 实施步骤

▷ 具体操作流程（考试流程）

一、自我介绍

"尊敬的考评员老师好！我是××号考生，今天我考试的项目是心肺复苏技术。"

二、准备与评估

环境准备：干净、整洁、安全，适宜进行抢救。

自身准备：着装整齐、修剪指甲、去掉饰品、洗净双手。

物品准备：幼儿仿真模型、记录本、笔、手消毒液、纱布、手电筒、弯盘、计时器等物品准备齐全。

幼儿评估：大宝在托育园进食香蕉时发生了意外，因处理方法不当，幼儿目前无意识、呼吸、脉搏。

三、计划

"我的预期目标：①正确实施心肺复苏技术；②幼儿脉搏、呼吸恢复正常。"

四、实施

"下面我开始实施。"

1. 观察情况。

(1)判断意识：轻拍幼儿双肩。"大宝，大宝，听得见吗?"确定无意识。

(2)判断颈动脉搏动和呼吸：用一手的食指和中指找到幼儿的气管，将手指滑到气管和颈侧肌肉之间的沟内，触摸颈动脉。

"1001、1002、1003……1007。"幼儿无颈动脉搏动、无自主呼吸。

(3)"请王老师帮忙拨打'120'。"记录抢救时间。

2. 急救处理。

(1)体位:使幼儿仰卧于硬板床上,使其头、颈、躯干处于同一水平面,双手位于身体两侧,保证其身体无扭曲。

(2)胸外心脏按压:按压部位为两乳头连线中点(即胸骨中下 1/3 交界处),按压深度为 4~5 cm,按压频率为 100~120 次/分。用单手掌跟按压,手指翘起,肩、肘、腕在一直线上。30 次为 1 个循环。"01、02、03……30。"

(3)开放气道:具体如下。①清理呼吸道:幼儿颈部无损伤,将幼儿的头部偏向一侧。"纱布在有效期内,可以使用。"清除口、鼻腔异物,保持呼吸道通畅。②开放气道:仰头抬颏,下颌角和耳垂的连线与地面呈 60°。③口对口人工呼吸(2 次):每次送气 1 秒钟,同时观察幼儿胸部是否抬举。④按压与呼吸:按压与人工呼吸之比为 30:2,完成 5 个循环。

3. 评估复苏效果。

经过 5 个循环抢救,判断复苏效果。

(1)摸脉搏、听呼吸。"1001、1002、1003……1007。"幼儿颈动脉搏动恢复,出现自主呼吸。

(2)幼儿面色、口唇、耳垂、甲床、皮肤色泽转红。用手电筒检查瞳孔,散大的瞳孔缩小,对光反射存在,幼儿复苏成功。再次记录抢救时间。

(3)将幼儿的头部偏向一侧,穿好衣物,原地等待救援。

4. 与家长沟通。

"大宝妈妈,您好!我是托育园的老师,大宝刚刚吃香蕉时发生了一些意外,别着急,别着急,我们已经进行了抢救,目前大宝意识清醒,状态已经比较好了,'120'正在赶来的路上,麻烦您前往医院与我们会合,好吗?好的,我在医院等您,再见!"

5. 结束环节。

整理用物,洗手,记录(抢救时间及过程)。

"报告考评员老师,操作完毕。"

▶ **评价活动**

一、评价量表

评价量表见表 14-1。

表 14-1 评价量表

评价项目	评价要点	分值	师评分	自评分	组评分	平均分	合计
学习态度 （20分）	按时完成自主学习任务	10					
	认真按讲义练习	5					
	动作轻柔，爱护模型（教具）	5					
合作交流 （30分）	按流程规范操作，动作熟练	10					
	按小组分工合作练习	10					
	与家长和幼儿沟通有效	10					
学习效果 （50分）	按操作评分标准评价(表 14-2)，将 100 分折合为 50 分						
合计							

表 14-2 心肺复苏技术的评分标准

考核内容		考核点	分值	评分要求	扣分	得分	备注
评估 （15分）	幼儿	无反应	2	未评估扣 2 分			
		无呼吸或仅有喘息，无脉搏	4	未评估扣 4 分；评估不准确扣 1~3 分			
	环境	环境安全，适宜抢救	3	未评估扣 3 分；评估不完整扣 1~2 分			
	照护者	着装整齐	3	不规范扣 3 分			
	物品	用物准备齐全	3	少 1 个扣 1 分，扣完 3 分为止			

续表

考核内容		考核点		分值	评分要求	扣分	得分	备注
计划 (5分)	预期 目标	正确实施心肺复苏技术，幼儿脉搏、呼吸恢复正常（口述）		5	未口述扣5分			
实施 (60分)	观察 情况	判断幼儿意识方法正确		2	不正确扣2分			
		判断大动脉搏动和有无呼吸方法正确		4	不正确扣4分			
	急救 处理	胸外 按压	体位	将幼儿置于坚实的平面上，双手放于两侧，身体无扭曲	4	体位不对扣4分			
			打开衣服，暴露幼儿胸、腹部	2	方法不对扣2分			
			按压部位：两乳头连线中点（即胸骨中下1/3交界处）	2	方法不对扣2分			
			按压深度：胸壁前后径1/3或4~5 cm	2	深度不对扣2分			
			按压频率：100~120次/分	2	频率不对扣2分			
			手部姿势：用单手掌跟按压，手指翘起，不接触胸壁	2	手部姿势不对扣2分			
			身体姿势：手臂在手掌的正上方，肩、肘、腕在一直线上	2	身体姿势不对扣2分			
		开放 气道	清理呼吸道：将头部轻轻偏向一侧，小心清除口腔分泌物、呕吐物或者其他异物	4	方法不对扣4分			

考核内容		考核点	分值	评分要求	扣分	得分	备注
		开放气道：确认无颈椎损伤，取仰头举颏法，幼儿下颌角与耳垂的连线与地面呈60°	4	方法不对扣4分			
	人工呼吸	将按于前额一手的拇指与示指捏闭幼儿的鼻孔，另一手的拇指将幼儿口部掰开，张大嘴，完全封闭幼儿口腔	4	方法不对扣4分			
		平静呼吸后给予人工通气2次，每次送气时间1秒钟，同时观察幼儿胸部是否抬举	4	方法不对扣4分			
		吹气完毕，离开幼儿的口唇，同时松开捏鼻的手指	4	方法不对扣4分			
	按压：呼吸	单人胸外按压与人工呼吸之比为30∶2；双人15∶2，完成5个循环或者2分钟	6	方法不对扣6分；欠妥扣1～5分			
	评估复苏有效	有呼吸、有脉搏、自主循环恢复；瞳孔缩小、有唇色（口述）	4	未口述扣4分；口述不全扣1～3分			
	整理、记录	整理用物，进行复苏护理	2	未做扣2分			
		洗手	2	未正确洗手扣2分			
		记录抢救时间及过程	4	未记录扣4分；记录不完整扣1～3分			

续表

考核内容	考核点	分值	评分要求	扣分	得分	备注
评价 (20分)	操作规范，动作熟练	5	不规范或不熟练扣5分			
	心肺复苏流程正确	5	不正确扣5分			
	思维敏捷、判断准确、动作迅速	5	不符合要求扣5分			
	保护幼儿安全，与家长沟通有效，取得合作	5	不符合要求扣5分			
总分		100	—			

二、总结与反思

模块四

早期发展

实训十五　粗大动作发展活动的设计与实施

▷ **任务情境**

　　西西在一所托育园上班，今年晋升为主班。她所在的葡萄班的学生均是31—36月龄段的幼儿。教研会议确定本周的教学主题为动物，需要主班依此主题给在班幼儿设计并实施粗大动作领域的活动。

　　任务：作为主班老师，你认为应该如何设计并实施粗大动作发展活动？

▷ **任务目标**

1. 能理解并掌握粗大动作发展活动的目标和教育内容。
2. 能设计与实施幼儿粗大动作发展活动。

▷ **知识准备**

1. 登录相关平台进行学习、模拟刷题。
2. 进入相关班级群并完成任务单。

▷ **任务实施**

一、实施环境

幼儿活动实训室。

二、用物准备

幼儿仿真模型 1 个、游戏地垫 1 张、各色(红、黄、蓝、绿)水果若干、各色(红、黄、蓝、绿)筐若干、音频播放器 1 个、记录本 1 册、笔 1 支、手消毒液 1 瓶(图 15-1)。

图 15-1　粗大动作发展活动设计与实施的用物准备

三、人员准备

照护者具备幼儿粗大动作发展活动设计与实施的相关知识和操作技能，着装整齐。

四、实施步骤

实施步骤见图 15-2。

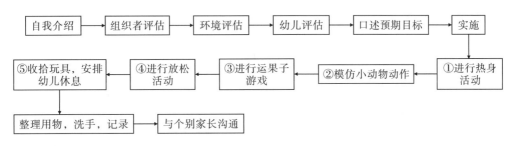

图 15-2　实施步骤

▶ 具体操作流程（考试流程）

一、自我介绍

"尊敬的考评员老师好！我是××号考生，今天我展示的项目是粗大动作发展活动——运果子的设计与实施。"

二、准备与评估

环境准备：环境干净、整洁、安全，温、湿度适宜，已为幼儿创设适宜的活动环境。

自身准备：着装整洁，已修剪指甲，未佩戴任何首饰，普通话标准，适宜组织本次活动。

物品准备：幼儿仿真模型、游戏地垫等物品准备齐全。

幼儿评估：此活动无须幼儿有经验，幼儿精神状态良好、情绪稳定、适合开展活动。

三、计划

"我的预期目标：①幼儿学习双脚并拢跳，增强用手、膝爬行的能力以及动作的灵活性、协调性，增强四肢力量；②幼儿能进行正确的颜色配对；③幼儿喜欢模仿活动中几种动物的动作并积极参与游戏。"

四、实施

"下面开始我的展示。"

"各位宝宝，早上好呀，我是西西老师，很高兴可以和宝宝们来进行今天的活动，现在请宝宝们先站起来跟老师一起来做一下热身活动，跺跺脚、拍拍手、弯弯腰。宝宝们在弯腰时要注意慢一点，小心不要摔倒哦，大家做得都很好！"

"宝宝们刚才做得非常棒！现在我们和小动物们一起来玩一个运果子的游戏，好不好呀？小兔子的家有一个大大的果园，里面种有很多种颜色的水果，有黄色、红色、蓝色、绿色……今天小兔子邀请小动物们去它家的果园摘果子，来看看小兔子邀请了谁呢？哦，有小鸭子、小乌龟、小花猫……"

"首先，我们来看看它们是怎么走路的。小兔子走路跳呀跳呀跳，小鸭子走路摇呀摇呀摇，小乌龟走路爬呀爬呀爬，小花猫走路静悄悄。"

"下面大家跟老师一起来学小动物走路，好不好？在模仿小动物走路的过程中，小宝贝们要小心点、慢点哦！"播放音乐《小动物走路》。"哇，宝宝们真棒，模仿得非常像，我们给自己点个赞吧，嘿嘿，我真棒……"

"小动物们高高兴兴地来到了果园，兔妈妈非常热情地欢迎小动物们的到来，她拿来了红色、黄色、绿色、蓝色的水果筐，让小动物们去摘果子。她要求小动物们去摘果子的时候呀，要注意摘到什么颜色的水果就运到相同颜色的水果筐里面去，看谁摘得最多、运得最快、颜色搭配得最准确哦。接下来，我们准备开始啦，第一个是小兔子去摘果子（边说边模仿小兔子走路），摘到果子啦，看一看，小兔子运回来的是绿色和黄色的水果，绿色的筐、黄色的筐在哪里呢？黄色的水果要放在黄色的水果筐里，绿色的水果放在绿色的水果筐里。小兔子放对了，真棒！"

"接下来轮到乌龟宝宝去摘果子了（边说边模仿小乌龟走路），看一看，乌龟宝宝运回来的是一个蓝色的水果，蓝色的筐在哪里呢？找好了把果子放进去。接下来请我们的小花猫准备出发喽……"

"宝宝们今天都完成了任务，接下来让我们一起来整理一下我们的玩具，把它们送回家喽。"

"请宝宝们现在回到座位上，刚才西西老师和宝宝们一起玩了'运果子'游戏，宝宝们一定都累了，现在请宝宝们跟着我们的生活老师一起去洗手、喝水、休息吧！好，宝宝们再见！"

整理用物，洗手，记录。"在今天开展的运果子的游戏中，宝宝们在爬行过程中进行得非常棒，且能够把运回来的水果按颜色进行分类配对，但是在跳的时候，部分宝宝的平衡性还不太好，今后要加强练习。"

与个别家长沟通幼儿的情况："乐乐妈妈，您好！今天的活动中乐乐表现得很棒，能够按照老师的指示做出三个动作并完成颜色配对的任务，但是在双脚并拢跳的时候，乐乐的平衡性不太好，回到家后您要多鼓励乐乐参加其他游戏，以锻炼乐乐的平衡性哦。"

"报告考评员老师，活动展示完毕！"

▷ 评价活动

一、评价量表

评价量表见表 15-1。

表 15-1 评价量表

评价项目	评价要点	分值	师评分	自评分	组评分	平均分	合计
学习态度 (20分)	按时完成自主学习任务	10					
	认真按讲义练习	5					
	动作轻柔，爱护模型(教具)	5					
合作交流 (30分)	按流程规范操作，动作熟练	10					
	按小组分工合作练习	10					
	与家长和幼儿沟通有效	10					
学习效果 (50分)	按操作评分标准评价(表15-2)，将100分折合为50分						
合计							

表 15－2　粗大动作发展活动设计与实施的评分标准

考核内容		考核点	分值	评分要求	扣分	得分	备注
评估 （15分）	照护者	着装整齐，适宜组织活动，普通话标准	2	不规范扣2分			
	环境	干净、整洁、安全，温、湿度适宜	2	未评估扣2分；评估不完整扣1分			
		创设适宜的活动环境	2	未评估扣2分；评估不适宜扣1分			
	物品	用物准备齐全	5	未评估扣5分；评估不完整扣1～4分			
	幼儿	经验准备	2	未评估扣2分；评估不完整扣1分			
		精神状况良好、情绪稳定	2	未评估扣2分；评估不完整扣1分			
计划 （15分）	预期目标	活动目标具体、明确，符合幼儿已有经验和发展需要，能体现粗大动作发展活动的特征并恰当融合其他活动（口述）	9	未口述扣9分；口述不规范扣1～8分			
		有机整合知识、能力、情感三个维度的发展要求	6	少一个维度扣2分			
实施 （60分）	活动实施	围绕目标组织教学，重点突出	5	目标未达成扣5分			
		教学思路清晰，教学环节包含导入部分、主体部分、结束部分，各环节过渡自然，时间分配合理	20	不符合要求扣1～20分			
		能恰当运用多元化的教学方法和手段，采用适宜的指导策略	3	不合适扣1～3分			
		教学语言简洁流畅、用语准确，有启发性和感染力，有利于激发幼儿主动学习的兴趣	5	不合适扣1～5分			

考核内容		考核点	分值	评分要求	扣分	得分	备注
		操作时动作规范	6	不规范扣1~6分			
		教学状态自然大方、生动活泼、有亲和力	6	欠缺扣1~6分			
		活动过程中具有一定的安全意识	5	忽视扣1~5分			
	活动评价	记录课堂中每个幼儿的表现并进行评估	4	未完成扣4分;不完整扣1~3分			
		与家长沟通幼儿表现,并进行个体化指导	4	沟通不畅扣2分;未指导扣2分			
	整理	整理用物,安排幼儿休息	2	未整理扣2分;整理不到位扣1分			
评价(10分)	教学内容	教学内容符合幼儿年龄特点,具有一定的趣味性、教育性	4	不符合年龄特点扣2分;趣味性、教育性欠缺扣2分			
		教学难度与容量适度,内容紧紧围绕教育目标	4	未围绕目标扣2分;难度、容量不适宜扣2分			
		规范、流畅地完成活动设计与展示	2	不规范或不流畅扣2分			
总分			100	—			

二、总结与反思

实训十六　精细动作发展活动的设计与实施

任务情境

西西在一所托育园上班，今年晋升为主班。她所在的葡萄班的学生均是31—36月龄段的幼儿。教研会议已经确定了本周的教学主题为动物，需要主班依此主题给在班幼儿设计并实施精细动作发展活动。

任务：作为主班老师，你认为应该如何设计并实施精细动作发展活动？

任务目标

1. 能理解并掌握精细动作发展活动的目标和教育内容。
2. 能设计与实施幼儿精细动作发展活动。

知识准备

1. 登录相关平台进行学习、模拟刷题。
2. 进入相关班级群并完成任务单。

任务实施

一、实施环境

幼儿活动实训室。

二、用物准备

幼儿仿真模型 1 个、游戏地垫 1 张、动物拼图 2 套、记录本 1 册、笔 1 支、手消毒液 1 瓶(图 16 - 1)。

图 16 - 1 精细动作发展活动设计与实施的用物准备

三、人员准备

照护者具备幼儿精细动作发展活动设计与实施的相关知识和操作技能，着装整齐。

四、实施步骤

实施步骤见图 16 - 2。

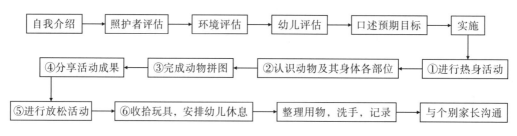

图 16 - 2 实施步骤

具体操作流程（考试流程）

一、自我介绍

"尊敬的考评员老师好：我是××号考生，今天我要展示的项目是精细动作发展活动——动物拼图游戏的设计与实施。"

二、准备与评估

环境准备：环境干净、整洁、安全，温、湿度适宜，已为幼儿创设适宜的活动环境。

自身准备：着装整洁，已修剪指甲，未佩戴任何首饰，普通话标准，适宜组织本次活动。

物品准备：幼儿仿真模型、游戏地垫等物品准备齐全。

幼儿评估：此活动无须幼儿有经验，幼儿精神状态良好、情绪稳定、适合开展活动。

三、计划

"我的预期目标：①幼儿能跟随老师的指令把小块拼图放到正确的地方，培养幼儿手眼协调的能力；②能正确叫出动物的名字，认识动物的不同部位，知道其特点；③感受小动物的可爱，热爱小动物。"

四、实施

"下面开始我的展示。"

"宝宝们，大家早上好呀！我是西西老师，很高兴和宝宝们进行今天的活动。现在先请宝宝们站起来和老师一起做热身活动吧。打开双手，保持距离，不要碰到其他小朋友，注意安全哦。跟着老师一起，踩踩脚、拍拍手、弯弯腰。宝宝们在弯腰时要注意慢一点，不要摔倒哦，大家做得非常好!"

"宝宝们表现得太棒了，现在请宝宝们找到一个舒服的位置坐好，我们的游戏要开始了。今天我们玩的游戏名字叫动物拼图游戏。宝宝们，看老师带来了什么?"手拿动物图片。"这是一张动物图片，有哪个宝宝能说出这只小动物的名字呢?"指着拼图说:"对，是小狗。这是小狗的头;头顶上有什么呢? 对，有耳朵;这是小狗的身体;这是小狗的尾巴;这是小狗的脚。"

"非常棒，宝宝们都能认得小狗的各部位啦! 我们给自己点个赞吧，嘿嘿，我真棒! 现在老师把这个小狗图片拆开，然后请宝宝们和老师一起把它拼好，我们开始拼啦，我们先拼小狗的头，再拼小狗的耳朵，然后拼小狗的身体和脚，最后拼小狗的尾巴，宝宝们，你们看(举起拼好的小狗图片)，一只完整的小狗就拼好了。宝宝们等不及要自己动手拼图了是吗? 好的，现在老师把拼图发给大家，宝宝们要记住不能把拼图放到嘴巴里，要注意安全哦! 好了，每位宝宝的面前都放好拼图了，现在请大家开始吧!"幼儿动手操作，老师巡视指导。"咦! 童童宝贝，你拼的小狗尾巴歪了，我们来把它重新拼好。哇，朵朵宝贝，你的小狗拼图拼得又快又好，表扬你哦……"

"宝宝们，大家都完成小狗拼图了吗? 我们一起来分享一下劳动成果吧! 欣欣宝贝，你来说一说，小狗都有哪些部位呀? 有耳朵、身体、尾巴，还有脚是吗? 哇，欣欣宝贝观察得真仔细，拼图的时候也是又快又好呢，给你点赞，嘿嘿，你真棒! 那宝宝们知道小狗对我们人类有什么帮助吗? 我看到东东宝贝手举得最高，那就请东东宝贝来说一说吧。小狗既可以帮我们看家，又可以帮我们买菜，还会安慰主人是吗? 哇，小狗真是我们人类的好朋友呢! 宝宝们，你们喜欢小狗吗? 喜欢对吧? 那我们要好好爱护它，跟它做朋友哦。"

"好了，宝宝们，今天的动物拼图游戏就要结束了，现在请宝宝们放好手中的拼图，找到一个舒服的位置坐好，我们一起来放松一下吧。"播放音乐，做放松活动。"好了，我们的放松活动结束了。"关闭音乐。"请宝宝们整理一下我们的玩具，把它们送回家吧。放好玩具后，请宝宝们跟着我们的生活老师一起去洗手、喝水、休息。宝宝们，下次再见!"

整理用物，洗手，记录。"在今天开展的拼图游戏中，大部分幼儿都能在老师的指导和帮助下完成动物拼图游戏，积极参与活动，小部分幼儿动手操作的能力还比较差，今后还要加强练习。"

与个别家长沟通幼儿的情况："童童妈妈，您好！在今天的活动中童童表现得很棒，能够认识动物的名字，说出动物身上的部位，能按照老师的指示把四小块小狗拼图放到正确的位置，但在放小狗的尾巴时放得不够整齐，回家后您要多鼓励她练习拼图，以增强手指的灵活性。"

"报告考评员老师，活动展示完毕！"

▶ 评价活动

一、评价量表

评价量表见表 16-1。

表 16-1　评价量表

评价项目	评价要点	分值	师评分	自评分	组评分	平均分	合计
学习态度 （20分）	按时完成自主学习任务	10					
	认真按讲义练习	5					
	动作轻柔，爱护模型（教具）	5					
合作交流 （30分）	按流程规范操作，动作熟练	10					
	按小组分工合作练习	10					
	与家长和幼儿沟通有效	10					
学习效果 （50分）	按操作评分标准评价（表 16-2），将 100 分折合为 50 分						
合计							

表 16-2　精细动作发展活动设计与实施的评分标准

考核内容		考核点	分值	评分要求	扣分	得分	备注
评估 (15分)	照护者	着装整齐，适宜组织活动，普通话标准	2	不规范扣2分			
		干净、整洁、安全，温、湿度适宜	2	未评估扣2分；评估不完整扣1分			
	环境	创设适宜的活动环境	2	未评估扣2分；评估不适宜扣1分			
	物品	用物准备齐全	5	未评估扣5分；评估不完整扣1~4分			
	幼儿	经验准备	2	未评估扣2分；评估不完整扣1分			
		精神状况良好、情绪稳定	2	未评估扣2分；评估不完整扣1分			
计划 (15分)	预期目标	活动目标具体、明确，符合幼儿已有经验和发展需要，能体现精细动作发展活动的特征并恰当融合其他活动(口述)	9	未口述扣9分；口述不规范扣1~8分			
		有机整合知识、能力、情感三个维度的发展要求	6	少一个维度扣2分			
实施 (60分)	活动实施	围绕目标组织教学，重点突出	5	目标未达成扣5分			
		教学思路清晰，教学环节包含导入部分、主体部分、结束部分，各环节过渡自然，时间分配合理	20	不符合要求扣1~20分			
		能恰当运用多元化的教学方法和手段，采用适宜的指导策略	3	不合适扣1~3分			
		教学语言简洁流畅、用语准确，有启发性和感染力，有利于激发幼儿主动学习的兴趣	5	不合适扣1~5分			

考核内容		考核点	分值	评分要求	扣分	得分	备注
		操作时动作规范	6	不规范扣1～6分			
		教态自然大方，生动活泼，有亲和力	6	欠缺扣1～6分			
		活动过程中具有一定的安全意识	5	忽视扣1～5分			
	活动评价	记录课堂中每个幼儿的表现并进行评估	4	未完成扣4分；不完整扣1～3分			
		与家长沟通幼儿表现，并进行个体化指导	4	沟通不畅扣2分；未指导扣2分			
	整理	整理用物，安排幼儿休息	2	未整理扣2分；整理不到位扣1分			
评价（10分）	教学内容	教学内容符合幼儿年龄特点，具有一定的趣味性、教育性	4	不符合年龄特点扣2分；趣味性、教育性欠缺扣2分			
		教学难度与容量适度，内容紧紧围绕教育目标	4	未围绕目标扣2分；难度、容量不适宜扣2分			
		规范、流畅地完成活动设计与展示	2	不规范或不流畅扣2分			
总分			100	—			

二、总结与反思

实训十七 认知发展活动的设计与实施

▷ 任务情境

西西在一所托育园上班,今年晋升为主班。她所在的葡萄班的学生均是31—36月龄段的幼儿。教研会议已经确定了本周的教学主题为动物,需要主班依此主题给在班幼儿设计并实施认知发展活动。

任务:作为主班老师,你认为应该如何设计并实施认知发展活动?

▷ 任务目标

1. 能说出幼儿认知发展活动的内容。
2. 能说出幼儿认知发展活动的特点。

▷ 知识准备

1. 登录相关平台进行学习、模拟刷题。
2. 进入相关班级群并完成任务单。

▷ 任务实施

一、实施环境

幼儿活动实训室。

二、用物准备

幼儿仿真模型 1 个、游戏地垫 1 张、动物图卡(金鱼、大象、鸽子)各 1 张、环境图卡(河水、森林、天空)各 1 张、动物头饰(金鱼、大象、鸽子)各 1 个、记录本 1 册、笔 1 支、手消毒液 1 瓶(图 17-1)。

幼儿仿真模型

游戏地垫

动物图卡

环境图卡

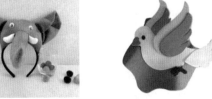
动物头饰

笔和记录本

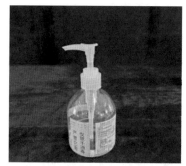
手消毒液

图 17－1　认知发展活动设计与实施的用物准备

三、人员准备

组织者具备幼儿认知发展活动设计与实施的操作技能和相关知识，着装整齐。

四、实施步骤

实施步骤见图 17－2。

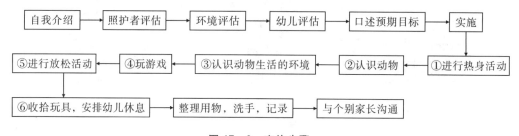

图 17－2　实施步骤

具体操作流程（考试流程）

一、自我介绍

"尊敬的考评员老师好，我是××号考生，今天我要展示的项目是认知发展活动——认识小动物的设计与实施。"

二、准备与评估

环境准备：环境干净、整洁、安全，温、湿度适宜，已为幼儿创设适宜的活动环境。

自身准备：着装整洁，已修剪指甲，未佩戴任何首饰，普通话标准，适宜组织本次活动。

物品准备：幼儿仿真模型、游戏地垫等物品准备齐全。

幼儿评估：此活动无须幼儿有经验，幼儿精神状态良好、情绪稳定、适合开展活动。

三、计划

"我的预期目标：①能正确说出小动物的名称；②能说出小动物生活的环境；③能模仿活动中几种动物的动作并积极参与游戏。"

四、实施

"下面开始我的展示。"

"宝宝们，大家早上好呀！我是西西老师，很高兴和宝宝们进行今天的活动，现在请宝宝们站起来和老师一起做热身活动吧。打开双手，保持距离，不要碰到其他小朋友，注意安全。跟着老师一起，踩踩脚、拍拍手、弯弯腰。宝宝们在弯腰时要注意慢一点，不要摔倒哦。大家做得非常好！"

"宝宝们表现得太棒了，现在请宝宝们找到一个舒服的位置坐好，我们的游戏要开始了。今天我们玩的游戏名字叫认识小动物。"

将动物图片摆在幼儿前面。"宝宝们，你们看卡片上的这些是什么呀？对，是小动物。有哪位宝宝知道这些动物叫什么吗？"举起金鱼的卡片。"哇，刚才我听到欣欣宝贝说这只动物叫金鱼，欣欣宝贝太聪明了。"竖起拇指表扬。"宝宝们，金鱼长什么样子呢？哦，它的眼睛大大的、肚子圆圆的，宝宝们观察得真仔细！那这只鼻子长长的、耳朵大大的的动物叫什么呢？我请东东宝贝来回答。东东宝贝说这只动物叫大象。宝宝们，东东宝贝回答得对吗？对了！我们一起来表扬他吧，嘿嘿，你真棒！那这只羽毛白白的、有翅膀的、会飞的动物又叫什么呢？我看到朵朵宝贝举手了，朵朵宝贝，你来说一说，这只动物叫什么呀？哦，它叫鸽子是吗？哇，朵朵宝贝真厉害，连鸽子都知道呢，给你点赞。"竖起拇指表扬。

"刚才呀，我们一起认识了金鱼、大象、鸽子这些小动物。那宝宝们，你们知道这些动物都生活在哪里吗？金鱼生活在哪里呢？哇，对了，金鱼生活在水里。老师这里有3张卡片，宝宝们帮老师找一找哪张是金鱼生活的地方。这张河水卡片就是金鱼生活的地方是吗？宝宝们真是太聪明了，我们给自己点个赞吧，嘿嘿，我真棒！那大象呢？大象生活在哪里呢？是哪张卡片呢？圆圆宝贝，你知道是吗？那你来说一说。大象生活在森林里，选森林的图片，圆圆宝贝棒棒哒！最后是鸽子，鸽子生活在哪里呢？宝宝们的声音真大，鸽子在天空中飞翔，所以它生活在天空中。"

"宝宝们，在你们的前面有动物的卡片和他们生活环境的卡片，宝宝们来给小动物们找家吧！"幼儿动手操作，老师巡视。"哇，宝宝们真聪明，都给小动物们找到家了！"

"现在，我们一起跟动物们玩游戏吧。老师的手上有很多小动物的头饰，宝宝们来老师这里选一个自己喜欢的小动物，然后找到跟自己生活在同一个地方的动物朋友。宝宝们在找朋友的时候，要看路，不要太急，要注意安全哟，游戏开始啦。"带领幼儿们做游戏。"宝宝们都很棒，都找到了自己的动物朋友，我们跟好朋友抱一抱吧。"

"宝宝们，好玩的游戏结束了，现在请宝宝们找到一个舒服的位置坐好，我们休息一下，听听音乐，放松放松。"播放音乐。"好了，我们的放松活动结束了。"关闭音乐。"宝宝们，我们今天认识了金鱼、大象、鸽子，又帮小动物们找到了它们的家，宝宝们表现得真棒！接下来让我们一起来整理我们的玩具，把它们送回家吧。放好玩具后，请宝宝们跟着我们的生活老师一起去洗手、喝水、休息吧！宝宝们再见！"

整理用物，洗手，记录。"在本次活动中大部分幼儿都能正确地说出动物的名字及生活环境，但在帮动物找家的环节中，有些幼儿没能准确地帮动物找到家，今后还要加强练习。"

与个别家长沟通幼儿的情况："强强妈妈，您好！强强今天在游戏过程中表现得很棒，能够正确认识金鱼、大象和鸽子这些小动物，但是对小动物生活的环境还不够熟悉。回家后您要多鼓励强强学习，以提高强强的认知能力。"

"报告考评员老师，活动展示完毕！"

评价活动

一、评价量表

评价量表见表 17 - 1。

表 17 - 1 评价量表

评价项目	评价要点	分值	师评分	自评分	组评分	平均分	合计
学习态度 （20分）	按时完成自主学习任务	10					
	认真按讲义练习	5					
	动作轻柔，爱护模型（教具）	5					
合作交流 （30分）	按流程规范操作，动作熟练	10					
	按小组分工合作练习	10					
	与家长和幼儿沟通有效	10					
学习效果 （50分）	按操作评分标准评价（表17—2），将100分折合为50分						
合计							

表 17 - 2 认知发展活动设计与实施的评分标准

考核内容		考核点	分值	评分要求	扣分	得分	备注
评估 （15分）	照护者	着装整齐，适宜组织活动，普通话标准	2	不规范扣2分			
	环境	干净、整洁、安全，温、湿度适宜	2	未评估扣2分；评估不完整扣1分			

考核内容		考核点	分值	评分要求	扣分	得分	备注
		创设适宜的活动环境	2	未评估扣2分；评估不完整扣1分			
	物品	用物准备齐全	5	未评估扣5分；评估不完整扣1~4分			
	幼儿	经验准备	2	未评估扣2分；评估不完整扣1分			
		精神状况良好、情绪稳定	2	未评估扣2分；评估不完整扣1分			
计划 (15分)	预期目标	活动目标具体、明确，符合幼儿已有经验和发展需要，能体现认知发展活动的特征并恰当融合其他活动(口述)	9	未口述扣9分；口述不规范扣1~8分			
		有机整合知识、能力、情感三个维度的发展要求	6	少一个维度扣2分			
实施 (60分)	活动实施	围绕目标组织教学，重点突出	5	目标未达成扣5分			
		教学思路清晰，教学环节包含导入部分、主体部分、结束部分，各环节过渡自然，时间分配合理	20	不符合要求扣1~20分			
		能恰当运用多元化的教学方法和手段，采用适宜的指导策略	3	不合适扣1~3分			
		教学语言简洁流畅、用语准确，有启发性和感染力，有利于激发幼儿主动学习的兴趣	5	不合适扣1~5分			
		操作时动作规范	6	不规范扣1~6分			
		教学状态自然大方、生动活泼、有亲和力	6	欠缺扣1~6分			

续表

考核内容		考核点	分值	评分要求	扣分	得分	备注
		活动过程中具有一定的安全意识	5	忽视扣1~5分			
	活动评价	记录课堂中每个幼儿的表现并进行评估	4	未完成扣4分；不完整扣1~3分			
		与家长沟通幼儿表现，并进行个体化指导	4	沟通不畅扣2分；未指导扣2分			
	整理	整理用物，安排幼儿休息	2	未整理扣2分；整理不到位扣1分			
评价（10分）	教学内容	教学内容符合幼儿年龄特点，具有一定的趣味性、教育性	4	不符合年龄特点扣2分；趣味性、教育性欠缺扣2分			
		教学难度与容量适度，内容紧紧围绕教育目标	4	未围绕目标扣2分；难度、容量不适宜扣2分			
		规范、流畅地完成活动设计与展示	2	不规范或不流畅扣2分			
总分			100	—			

二、总结与反思

实训十八　语言发展活动的设计与实施

▷ **任务情境**

西西在一所托育园上班，今年晋升为主班。她所在的葡萄班的学生均是31—36月龄段的幼儿。教研会议已经确定了本周的教学主题为动物，需要主班依此主题给在班幼儿设计并实施语言发展活动。

任务：作为主班老师，你认为应该如何设计并实施语言发展活动？

▷ **任务目标**

1. 能掌握31—36月龄段幼儿语言发展活动的目标和内容。
2. 能正确设计和实施31—36月龄段幼儿的语言发展活动。
3. 能合理评价31—36月龄段幼儿的语言发展水平。

▷ **知识准备**

1. 登录相关平台进行学习、模拟刷题。
2. 进入相关班级群并完成任务单。

▷ **任务实施**

一、实施环境

幼儿活动实训室。

二、用物准备

幼儿仿真模型 1 个、游戏地垫 1 张、动物卡片 1 套、记录本 1 册、笔 1 支、手消毒液 1 瓶(图 18-1)。

图 18-1 语言发展活动设计与实施的用物准备

三、人员准备

组织者具备幼儿语言发展活动设计与实施的相关知识和操作技能,着装整齐。

四、实施步骤

实施步骤见图 18-2。

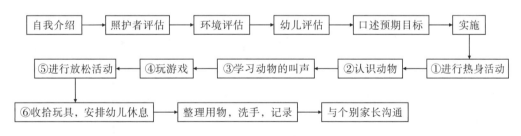

图 18-2 实施步骤

▶ 具体操作流程（考试流程）

一、自我介绍

"尊敬的考评员老师好，我是××号考生，今天我要展示的项目是语言发展活动——可爱的小动物的设计与实施。"

二、准备与评估

环境准备：环境干净、整洁、安全，温、湿度适宜，已为幼儿创设适宜的活动环境。

自身准备：着装整洁，已修剪指甲，未佩戴任何首饰，普通话标准，适宜组织本次活动。

物品准备：幼儿仿真模型、游戏地垫等物品准备齐全。

幼儿评估：此活动无须幼儿有经验，幼儿精神状态良好、情绪稳定、适合开展活动。

三、计划

"我的预期目标：①教会幼儿正确地说出小动物的名称，准确地发出"咕、叽、汪、蹦"等声音，并能协调地模仿小动物的动作；②提高幼儿参与集体活动的积极性，并要求他们做到在集体面前说话响亮；③引导幼儿学会倾听老师讲解游戏要求和规则，掌握游戏方法，遵守游戏规则。"

四、实施

"下面开始我的展示。"

"宝宝们，大家早上好呀！我是西西老师，很高兴和宝宝们进行今天的活动。现在先请宝宝们站起来和老师一起做热身活动吧。打开双手，保持距离，不要碰到其他小朋友，注意安全哦。跟着老师一起，踩踩脚、拍拍手、弯弯腰。宝宝们在弯腰时要注意慢一点，不要摔倒哦。大家做得非常好！"

"宝宝们表现得太棒了，现在请宝宝们找到一个舒服的位置坐好，我们的游戏要开始了。今天我们玩的游戏名字叫可爱的小动物。宝宝们，你们看，许多可爱的小动物来到我们班啦，它们是谁呢？"老师拿出小鸽子图片。"看看这是什么动物呀？哦，它就是小鸽子。小鸽子怎样来到我们班的呢？我听到宝宝们说，小鸽子是通过飞的方式来到我们班里的。哇，你们的小脑袋真是太聪明了！小鸽子的本领可大了，它能飞到很远很远的地方去送信，并且能飞回来，不会迷失方向。你们听，小鸽子是怎样叫的呢？"老师边用手表现动作，边发出声音，两手掌心朝胸前，大拇指互勾，做扑翼动作。"咕咕咕……宝宝们，小鸽子怎么叫呀？"边引导幼儿做动作，边发出咕咕咕的声音。

"接下来是哪只小动物呢？"老师展示小鸡图片。"噢，是小鸡。宝宝们，小鸡长什么样呢？它有毛茸茸的羽毛，嘴巴尖尖的。那它喜欢吃什么呢？没错，它喜欢吃虫和米。宝宝们知道小鸡是怎么样叫的吗？噢，它的叫声是叽叽叽……"老师边用手表现动作边发出声音，双手大拇指指尖相对、食指指尖相对，其余手指收起。"哇，宝宝们太聪明了，一学就会了。我们给自己点个赞吧，嘿嘿，我们真棒！"

"又是哪只动物来了呢？"老师展示小黄狗图片。"原来是小黄狗。小黄狗在做什么呢？它在啃肉骨头呢。那宝宝们，你们知道小黄狗是怎么叫的吗？哦，它是这样叫的，汪汪汪……"老师边用手表现动作边发出声音，双手举起至头的两侧并摆动腕关节。"我们一起来小黄狗叫吧，汪汪汪……"

"最后来的小动物是谁呢？"老师展示小白兔图片。"哇，是小白兔。大家仔细看，小白兔它有什么特征呢？小白兔有长长的耳朵，红红的眼睛，走起路来蹦蹦跳跳的。"老师双手呈剪刀状举在头上并做蹦跳动作。"宝宝们，我们一起学习小白兔走路吧，蹦蹦跳跳，蹦蹦跳跳……"

"宝宝们，还记得小鸽子怎样叫吗？小鸽子，咕咕咕，咕咕咕……小小鸡呢？小鸡，叽叽叽，叽叽叽……小黄狗呢？小黄狗，汪汪汪，汪汪汪……

小白兔呢？小白兔，蹦蹦跳，蹦蹦跳……"老师带领幼儿复习小动物的叫声和动作。

"哇，宝宝们太棒了，都学会了小动物的叫声和动作，那现在让我们一起来做个小游戏吧！当老师说出小动物的名字时，宝宝们来模仿它的叫声并做出动作好吗？宝宝们在游戏过程中要注意保持距离，不要撞到其他小朋友，注意安全哦！我们的游戏开始啦！小鸽子，咕咕咕；小小鸡，叽叽叽；小黄狗，汪汪汪；小白兔，蹦蹦跳。"教师引导幼儿完成游戏。

"好了，宝宝们，好玩的游戏就要结束了，现在请宝宝们找到一个舒服的位置坐好，我们休息一下，听听音乐，放松放松。"播放音乐。"好了，我们的放松活动结束了。"关闭音乐。"现在请宝宝们整理一下我们的玩具，把它们送回家吧。放好玩具后，请宝宝们跟着我们的生活老师一起去洗手、喝水、休息。宝宝们，我们下次再见！"

整理用物，洗手，记录。"在今天开展的可爱的小动物的游戏中，大部分幼儿都能正确地说出小动物的名称，准确地发出"咕、叽、汪、蹦"等声音，能协调地模仿小动物的动作，但有小部分幼儿在发出"蹦"字时发音不够准确，需要在今后的学习中多加练习。"

与个别家长沟通幼儿的情况："飞飞妈妈，您好！今天的活动中飞飞表现得很棒，能够正确地说出小动物的名称并能协调地模仿小动物的动作，但在模仿小动物叫时，"蹦"字发音不够准确，回到家后您要多鼓励飞飞练习发音，以增强语言发展能力。"

"报告考评员老师，活动展示完毕！"

▶ 评价活动

一、评价量表

评价量表见表 18 - 1。

表 18 - 1 评价量表

评价项目	评价要点	分值	师评分	自评分	组评分	平均分	合计
学习态度 （20 分）	按时完成自主学习任务	10					
	认真按讲义练习	5					
	动作轻柔，爱护模型（教具）	5					
合作交流 （30 分）	按流程规范操作，动作熟练	10					
	按小组分工合作练习	10					
	与家长和幼儿沟通有效	10					
学习效果 （50 分）	按操作评分标准评价（表 18-2），将 100 分折合为 50 分						
合计							

表 18 - 2 语言发展活动设计与实施的评分标准

考核内容		考核点	分值	评分要求	扣分	得分	备注
评估 （15 分）	照护者	着装整齐，适宜组织活动，普通话标准	2	不规范扣 2 分			
	环境	干净、整洁、安全，温、湿度适宜	2	未评估扣 2 分；评估不完整扣 1 分			
		创设适宜的活动环境	2	未评估扣 2 分；评估不完整扣 1 分			
	物品	用物准备齐全	5	未评估扣 5 分；评估不完整扣 1～4 分			
	幼儿	经验准备	2	未评估扣 2 分；评估不完整扣 1 分			
		精神状况良好、情绪稳定	2	未评估扣 2 分；评估不完整扣 1 分			

续表

考核内容		考核点	分值	评分要求	扣分	得分	备注
计划 (15分)	预期 目标	活动目标具体、明确，符合幼儿已有经验和发展需要，能体现语言发展活动的特征，并恰当融合其他活动(口述)	9	未口述扣9分；口述不完整扣1～9分			
		有机整合知识、能力、情感三个维度的发展要求	6	少一个维度扣2分			
实施 (60分)	活动 实施	围绕目标组织教学，重点突出	5	目标未达成扣5分			
		教学思路清晰，教学环节包含导入部分、主体部分、结束部分，环节过渡自然，时间分配合理	20	依欠缺程度扣1～20分			
		能恰当运用多元化的教学方法和手段，采用适宜的指导策略	3	不符合要求扣3分			
		教学语言简洁流畅、用语准确，有启发性和感染力，有利于激发幼儿主动学习的兴趣	5	不合适扣1～5分			
		操作时动作规范	6	不规范扣1～6分			
		教学状态自然大方、生动活泼、有亲和力	6	欠缺扣1～6分			
		活动过程中具有一定的安全意识	5	忽视扣1～5分			
	活动 评价	记录课堂中每个幼儿的表现并进行评估	4	未完成扣4分；不完整扣1～3分			
		与家长沟通幼儿表现，并进行个体化指导	4	沟通不畅扣2分；未指导扣2分			
	整理	整理用物，安排幼儿休息	2	未整理扣2分；整理不到位扣1分			

考核内容		考核点	分值	评分要求	扣分	得分	备注
评价（10 分）	教学内容	教学内容符合幼儿年龄特点，具有一定的趣味性、教育性	4	不符合年龄特点扣2 分；趣味性、教育性欠缺扣 2 分			
		教学难度与容量适度，内容紧紧围绕教育目标	4	未围绕目标扣 2 分；难度、容量不适宜扣 2 分			
		规范、流畅地完成活动设计与展示	2	不规范或不流畅扣2 分			
总　分			100	—			

二、总结与反思

实训十九 社会性行为发展活动的设计与实施

▶ **任务情境**

　　西西在一所托育园上班，今年晋升为主班。她所在的葡萄班的学生均是31—36月龄段的幼儿。教研会议已经确定了本周的教学主题为动物，需要主班依此主题给在班幼儿设计并实施社会性行为发展活动。

　　任务：作为主班老师，你认为应该怎样设计并实施社会性行为发展活动？

▶ **任务目标**

　　1. 能掌握31—36月龄段幼儿的社会性行为发展活动的目标和内容。

　　2. 能正确设计和实施31—36月龄段幼儿的社会性行为发展活动。

　　3. 能合理评价31—36月龄段幼儿社会性行为发展活动的实施效果。

▶ **知识准备**

　　1. 登录相关平台进行学习、模拟刷题。

　　2. 进入相关班级群并完成任务单。

▶ **任务实施**

一、实施环境

幼儿活动实训室。

二、用物准备

游戏地垫1张、音频1套、树上果子图片若干、笔1支、记录本1本(图19-1)。

游戏地垫

树上果子图片

笔和记录本

图 19-1　社会性行为发展活动设计与实施的用物准备

三、人员准备

组织者具备幼儿社会性行为发展活动的相关知识和操作技能，着装整齐。

四、实施步骤

实施步骤见图19-2。

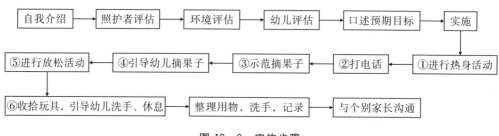

图 19－2　实施步骤

具体操作流程（考试流程）

一、自我介绍

"尊敬的考评员老师好，我是××号考生，今天我要展示的项目是社会性行为发展活动——我是小帮手的设计与实施。"

二、准备与评估

环境准备：环境干净、整洁、安全，温、湿度适宜，已为幼儿创设适宜的活动环境。

自身准备：着装整洁，已修剪指甲，未佩戴任何首饰，普通话标准，适宜组织本次活动。

物品准备：幼儿仿真模型、游戏地垫等物品准备齐全。

幼儿评估：此活动无须幼儿有经验，幼儿精神状态良好、情绪稳定、适合开展活动。

三、计划

我的预期目标：①幼儿能随着乐曲的节拍做手腕的转动，提升腕关节的运动能力；②通过活动使幼儿学会帮助别人；③幼儿愿意大胆尝试与同伴分享活动的感受。

四、实施

"下面开始我的展示。"

"宝宝们，大家早上好呀！我是西西老师，很高兴和宝宝们进行今天的活动，现在请宝宝们站起来和老师一起做热身活动吧。打开双手，保持距离，不要碰到其他小朋友，注意安全哦。跟着老师一起，跺跺脚、拍拍手、弯弯腰。宝宝们在弯腰时要注意慢一点，不要摔倒哦。大家做得非常好！"

"宝宝们表现得太棒了，现在请宝宝们找到一个舒服的位置坐好，我们的游戏要开始了。叮铃铃，叮铃铃。哎呀，是谁给老师打电话呀？宝宝们，我们一起来听一听。"老师做接电话的动作。"喂，您好！请问您是谁呀？哦，您是熊伯伯。熊伯伯您有什么事情吗？秋天到了，您种的果树结了很多很多的果子，您一个人摘不完，需要我们帮忙摘果子是吗？好的，熊伯伯，您别着急，宝宝们很乐意帮您摘果子的，您在果园等我们，我们马上就到，再见。宝宝们，熊伯伯果子太多了，需要我们帮忙摘果子，你们愿不愿意帮助熊伯伯呀？愿意是吗？哇，宝宝们，你们真是熊伯伯的小帮手。现在让我们出发去熊伯伯的果园，帮它摘果子吧。"

"跟着老师一起出发吧（带领幼儿围着游戏地垫绕一圈），我们走过独木桥，越过山丘，来到了熊伯伯的果园。宝宝们，熊伯伯的果园到了，好多好多的果子呀，有谁知道怎样摘果子吗？我看到东东宝贝说他会摘果子，东东宝贝，你来给大家示范一下。垫起脚尖，伸长双手，抓住果子，轻轻转动手腕，果子就摘下来了。东东宝贝，你太聪明了，我们给你点赞，嘿嘿，你真棒。宝宝们都看清楚了吗？"教师再把动作示范一次。"现在轮到宝宝们动手摘果子了，对了，轻轻转动手腕，果子就摘下来了。哇，宝宝们太棒了，都学会摘果子了呢。宝宝们在摘果子的时候，注意脚下，不要摔倒了，保持距离，注意安全。"

"现在我们跟着音乐来摘果子了，看哪位宝宝摘得又快又多。"教师播放音乐，边引导幼儿做摘果子的动作，边说："我是勤劳小帮手，来帮助熊伯伯把果子摘。我是勤劳小帮手，来帮助熊伯伯把果子摘……果果宝贝，你摘果子的动作很标准，表扬你！贝贝宝贝摘得又快又多，也表扬你！欣欣宝贝,加油,你可以做得更好……好了,音乐结束了。"关闭音乐。"熊伯伯的果子也被宝宝们摘完了。"

"宝宝们都累了吧,请大家找到一个舒服的位置坐好,我们休息一下,听听音乐,放松放松。"播放音乐。"好了,我们的放松活动结束了。"关闭音乐。"宝宝们表现得太棒了,帮助熊伯伯摘完了果子,熊伯伯有礼物要送给大家,大家来到老师这里,选一张自己喜欢的卡片吧,不要拥挤,注意安全。"

"今天,宝宝们做了熊伯伯的小帮手,回到家我们也要做爸爸妈妈的小帮手,做一些自己力所能及的事情哦。现在请宝宝们整理一下我们的玩具,把它们送回家吧。放好玩具后,请宝宝们跟着我们的生活老师一起去洗手、喝水、休息吧!宝宝们再见!"

整理用物,洗手,记录。"在今天开展的我是小帮手的游戏中,大部分幼儿能随着乐曲的节拍做手腕的转动,并学会了帮助别人,但有小部分幼儿在活动过程中不够积极,今后还要加强练习。"

与个别家长沟通幼儿的情况:"恩浩妈妈,您好!在刚才的活动中恩浩表现得很棒,能够按老师的指示完成任务,但恩浩在活动过程中有不够积极主动的情况,回家后您要多鼓励恩浩。"

"报告考评员老师,活动展示完毕!"

▶ 评价活动

一、评价量表

评价量表见表 19-1。

表 19-1 评价量表

评价项目	评价要点	分值	师评分	自评分	组评分	平均分	合计
学习态度 (20分)	按时完成自主学习任务	10					
	认真按讲义练习	5					
	动作轻柔,爱护模型(教具)	5					

续表

评价项目	评价要点	分值	师评分	自评分	组评分	平均分	合计
合作交流 （30分）	按流程规范操作，动作熟练	10					
	按小组分工合作练习	10					
	与家长和幼儿沟通有效	10					
学习效果 （50分）	按操作评分标准评价（表19-2），将100分折合为50分						
合计							

表 19-2　社会性行为发展活动设计与实施的评分标准

考核内容		考核点	分值	评分要求	扣分	得分	备注
评估 （15分）	照护者	着装整齐，适宜组织活动，普通话标准	2	不规范扣2分			
	环境	干净、整洁、安全，温、湿度适宜	2	未评估扣2分；评估不完整扣1分			
		创设适宜的活动环境	2	未评估扣2分；评估不完整扣1分			
	物品	用物准备齐全	5	未评估扣5分；评估不完整扣1~4分			
	幼儿	经验准备	2	未评估扣2分；评估不完整扣1分			
		精神状况良好、情绪稳定	2	未评估扣2分；评估不完整扣1分			
计划 （15分）	预期目标	活动目标具体明确，符合幼儿已有经验和发展需要，能体现社会性行为发展活动的特征，并恰当融合其他活动（口述）	9	未口述扣9分；口述不完整扣1~8分			
		有机整合知识、能力、情感三个维度的发展要求	6	少一个维度扣2分			

续表

考核内容		考核点	分值	评分要求	扣分	得分	备注
实施 (60分)	活动 实施	围绕目标组织教学,重点突出	5	目标未达成扣5分			
		教学思路清晰,教学环节包含导入部分、主体部分、结束部分,各环节过渡自然,时间分配合理	20	不符合要求扣1~20分			
		能恰当运用多元化的教学方法和手段,采用适宜的指导策略	3	不合适扣1~3分			
		教学语言简洁流畅、用语准确,有启发性和感染力,有利于激发幼儿主动学习的兴趣	5	不合适扣1~5分			
		操作时动作规范	6	不规范扣1~6分			
		教学状态自然大方、生动活泼、有亲和力	6	欠缺扣1~6分			
		活动过程中具有一定的安全意识	5	忽视扣1~5分			
	活动 评价	记录课堂中每个幼儿的表现并进行评估	4	未完成扣4分;不完整扣1~3分			
		与家长沟通幼儿表现,并进行个别化指导	4	沟通不畅扣2分;未指导扣2分			
	整理	整理用物,安排幼儿休息	2	未整理扣2分;整理不到位扣1分			
评价 (10分)	教学 内容	教学内容符合幼儿年龄特点,具有一定的趣味性、教育性	4	不符合年龄特点扣2分;趣味性、教育性欠缺扣2分			
		教学难度与容量适度,内容紧紧围绕教育目标	4	未围绕目标扣2分;难度、容量不适宜扣2分			

考核内容	考核点	分值	评分要求	扣分	得分	备注
	规范、流畅地完成活动设计与展示	2	不规范或不流畅扣2分			
	总分	100	—			

二、总结与反思

实训二十 亲子活动的设计与实施

▷ **任务情境**

西西在一所托育园上班，今年晋升为主班。她所在的草莓班的学生均是31—36月龄段的幼儿。教研会议已经确定了本周的教学主题为动物，需要主班依此主题给在班幼儿设计亲子活动并实施活动。

任务：作为主班老师，你认为应该如何设计并实施亲子活动？

▷ **任务目标**

1. 了解亲子活动的概念及相关问题。
2. 掌握亲子活动设计的要领和方法。
3. 能设计不同月龄段、不同领域的亲子活动。
4. 能独立设计与实施亲子活动。

▷ **知识准备**

1. 登录相关平台进行学习、模拟刷题。
2. 进入相关班级群并完成任务单。

▷ **任务实施**

一、实施环境

幼儿活动实训室。

二、用物准备

幼儿仿真模型 1 个、游戏地垫 1 张、音乐播放器 1 个、记录本 1 本、笔 1 支、手消毒液 1 瓶(图 20 - 1)。

图 20 - 1　亲子活动设计与实施的用物准备

三、人员准备

组织者具备幼儿亲子活动的设计与实施的相关知识和操作技能，着装整齐。

四、实施步骤

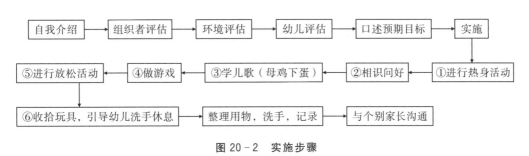

图 20 - 2　实施步骤

▶ 具体操作流程（考试流程）

一、自我介绍

"尊敬的考评员老师好,我是××号考生,今天我要展示的项目是亲子活动——母鸡下蛋的设计与实施。"

二、准备与评估

环境准备:环境干净、整洁、安全,温、湿度适宜,已为幼儿创设适宜的活动环境。

自身准备:着装整洁,已修剪指甲,未佩戴任何首饰,普通话标准,适宜组织本次活动。

物品准备:幼儿仿真模型、游戏地垫等物品准备齐全。

幼儿评估:此活动无须幼儿有经验,幼儿精神状态良好、情绪稳定、适合开展活动。

三、计划

"我的预期目标具体如下。"

1. 幼儿活动目标:①通过训练和观察增强宝宝的认知能力、乐感;②通过游戏促进亲子关系,增强规则意识;③通过角色扮演游戏培养幼儿的爱心及责任感。

2. 家长指导目标:①引导幼儿了解母鸡下蛋的形象与声音,尝试用动作进行模仿与表现;②引导幼儿树立规则意识,能够完成亲子配合;③激发幼儿的角色意识,愿意参与游戏。

四、实施

"下面开始我的展示。"

"亲爱的宝宝们和家长们,大家早上好!我是你们的好朋友西西老师,很高兴可以和大家进行今天的活动。现在请宝宝们和家长们站起来跟着西西老师做个热身活动吧。跟在西西老师身后,我们一起坐上小火车出动喽……火车到站了,宝宝们表现得太棒了,现在请宝宝们和家长们找到一个舒服的位置坐好,我们的游戏要开始了。"

"今天来了这么多的好朋友，我们先跟小伙伴们问好吧。当老师问到'某某宝贝，某某宝贝在哪里？'请家长们带着宝宝们一起回应'某某宝贝，某某宝贝在这里！'好的，我们先从欣欣宝贝这里开始。'欣欣宝贝，欣欣宝贝在哪里？'"家长带着幼儿一边拍手一边回答："欣欣宝贝，欣欣宝贝在这里。"老师继续问："东东宝贝，东东宝贝在哪里？"家长带着幼儿一边拍手，一边回答："东东宝贝，东东宝贝在这里……"

"哇，宝宝们太棒了，都能跟爸爸妈妈一起大声地回答老师的问题了！我们给自己点个赞吧，嘿嘿，我真棒！今天我们来玩一个好玩的游戏，游戏的名字叫母鸡下蛋，玩游戏之前，我们先一起学习儿歌《母鸡下蛋》，老师播放儿歌，我们一起欣赏吧。'一只花母鸡，趴在鸡窝里，下蛋咯咯哒，拾蛋真欢喜'。好了，儿歌播放完了，接下来请宝宝们跟着老师一起来学习儿歌吧。"老师边唱儿歌，边做手拍膝盖的动作，引导幼儿和家长跟随。"好的，宝宝们、家长们，我们再来一遍哦，一只花母鸡……"

"好，接下来我们增加难度了，请家长们伸直双腿，让宝宝们坐在膝盖上，双手扶在宝宝们的腋下然后颤动膝盖，当念到"下蛋咯咯哒"的时候，打开双腿，让宝宝们从双腿中落在地垫上。我们一起来一遍吧。"老师边唱儿歌，边做动作，引导幼儿和家长一起做动作。

"大家表现得非常棒了，我们继续增加游戏难度。请宝宝们和家长们跟西西老师一起站起来，当念到'一只花母鸡'时，请宝宝们小手握拳，放在胸前并上下扇动；当念到'趴在鸡窝里'时，宝宝们蹲下来；当念到'下蛋咯咯哒'时，宝宝们继续扇动小手；当念到'拾蛋真欢喜'时，家长把宝宝抱起来。大家都学会了吗？那现在让我们试一试吧！'一只花母鸡'，宝宝们握拳头，放在胸前并上下扇动；'趴在鸡窝里'，宝宝们蹲下来，对，继续……太棒了，宝宝们和家长们配合得太好了，我们给自己点赞吧，嘿嘿，我们真棒！现在老师播放音乐，我们跟着音乐一起来玩母鸡下蛋的游戏吧。"老师播放音乐，幼儿和家长玩游戏，教师巡视。"哇，珍珍宝贝，你和妈妈配合得太默契了，真棒！东东宝贝，不要害羞，跟妈妈一起玩起来……"

"好了，宝宝们、家长们，好玩的游戏就要结束了，现在请大家找到一个舒服的位置坐好，我们休息一下，听听音乐，放松放松。"播放音乐。"好了，我们的放松活动结束了。"关闭音乐。"在刚才的游戏过程中，大部分宝宝能够大胆地模仿母鸡下蛋的声音和动作，积极地参与，表现得非常棒。现在请宝宝们跟着我们的生活老师一起去洗手、喝水、休息吧！宝宝们、家长们，我们下次再见！"

整理用物，洗手，记录。"在今天的活动中，大部分幼儿能在老师和家长的指导下大胆地模仿母鸡下蛋的声音和动作，积极地参与游戏；小部分幼儿游戏表现欲不强，需要在今后多加引导。"

与个别家长沟通幼儿的情况："东东妈妈，您好！在刚才的亲子活动中，在学习母鸡下蛋的声音和动作的时候，东东宝贝不是特别主动，平时您要多鼓励宝贝，让他在家里表演和展示，增强宝贝的自信心。谢谢您的配合！"

"报告考评员老师，活动展示完毕！"

▷ 评价活动

一、评价量表

评价量表见表 20 - 1。

表 20 - 1 评价量表

评价项目	评价要点	分值	师评分	自评分	组评分	平均分	合计
学习态度 (20 分)	按时完成自主学习任务	10					
	认真按讲义练习	5					
	动作轻柔，爱护模型(教具)	5					
合作交流 (30 分)	按流程规范操作，动作熟练	10					
	按小组分工合作练习	10					
	与家长和幼儿沟通有效	10					
学习效果 (50 分)	按操作评分标准评价(表 20 - 1)，将 100 分折合为 50 分						
合计							

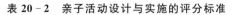

表 20－2　亲子活动设计与实施的评分标准

考核内容		考核点	分值	评分要求	扣分	得分	备注
评估 (15分)	幼儿	经验准备	2	未评估扣2分；评估不完整扣1分			
		精神状况良好、情绪稳定	2	未评估扣2分；评估不完整扣1分			
	环境	干净、整洁、安全，温、湿度适宜	2	未评估扣2分；评估不完整扣1分			
		创设适宜的活动环境	2	未评估扣2分；评估不完整扣1分			
	照护者	着装整齐，适宜组织活动	2	不规范扣2分			
	物品	用物准备齐全	5	未评估扣5分；评估不完整扣1～4分			
计划 (15分)	预期目标	教学目标包括幼儿活动目标与家长指导目标，目标制订具体明确(口述)	9	未口述扣9分；口述不完整扣1～8分			
		幼儿活动目标符合幼儿已有经验和发展需要	3	不符合扣3分			
		幼儿活动目标有机整合知识、能力、情感三个纬度的发展要求	3	少一个维度扣1分			
实施 (60分)	活动实施	围绕目标组织教学，重点突出	5	不符合扣3分			
		教学思路清晰，教学环节包含导入部分、主体部分、结束部分，主体部分不少于三个环节。各环节过渡自然，时间分配合理	10	不合适扣1～10分			
		能恰当运用多元化的教学方法和手段，采用适宜的指导策略	3	不合适扣1～3分			

考核内容		考核点	分值	评分要求	扣分	得分	备注
		教学语言简洁流畅、用语准确,有启发性和感染力,有利于激发幼儿主动学习的兴趣	5	不规范扣1~5分			
		操作时动作规范	5	不规范扣5分			
		教学状态自然大方、生动活泼、有亲和力	4	欠缺扣1~4分			
		家长指导语简洁明了,指导重点突出	5	未指导扣分5分;指导不充分扣1~4分			
		尊重幼儿的个体差异,实施因人而异的个体化指导	3	不符合要求扣3分			
		活动过程中具有一定的安全意识	5	忽视扣1~5分			
		家庭延伸活动设计合理,围绕亲子活动目标进行	5	未延伸扣5分;延伸不恰当扣1~4分			
	活动评价	记录课堂中每个幼儿的表现并进行评估	4	未完成扣4分;不完整扣1~3分			
		与家长沟通幼儿表现,并进行个别化指导	4	沟通不畅扣2分;未指导扣2分			
	整理	整理用物,安排幼儿休息	2	未整理扣2分;整理不到位扣1分			
评价(10分)		教学内容符合幼儿年龄特点,具有一定的趣味性、教育性	3	不符合扣3分			
		内容应包含粗大动作、精细动作、认知、语言、社会性、艺术等婴幼儿发展的主要方面	5	内容少一项扣1分,扣完5分为止			

考核内容	考核点	分值	评分要求	扣分	得分	备注
	教学难度与容量适度，内容紧紧围绕教育目标	2	不合适扣2分			
总分		100	—			

二、总结与反思

模块五

发展环境创设

实训二十一　活动室区域创设

▷ **任务情境**

　　西西在一所托育园上班，今年需要给新的班级进行区域规划，要求是针对新的活动室设计区域划分图，需要在新生家长会上向家长讲解区域的划分与功能，同时针对一个区域进行材料投放的讲解。

　　任务：假如你是西西，你会如何做？

▷ **任务目标**

　　1. 能设计区域划分图。

　　2. 能说出各个分区的功能。

　　3. 能说出各个分区要投放的材料。

▷ **知识准备**

　　1. 登录相关平台进行学习、模拟刷题。

　　2. 进入相关班级群并完成任务单。

▷ **任务实施**

一、实施环境

幼儿活动实训室、多媒体示教室。

二、用物准备

A4 纸 1 张、记录本 1 册、笔 1 支(图 21 - 1)。

图 21 - 1　活动室区域创设的用物准备

三、人员准备

组织者着装干净、整齐，未佩戴任何首饰，普通话标准。

四、实施步骤

实施步骤见图 21 - 2。

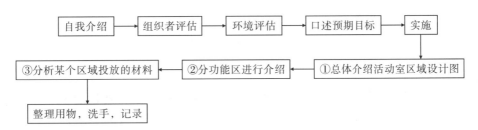

图 21 - 2　实施步骤

▶ 具体操作流程（考试流程）

一、自我介绍

"尊敬的考评员老师好，我是××号考生，今天我要展示的项目是活动室区域创设。"

二、准备与评估

环境准备：环境干净、整洁、安全，温、湿度适宜，已为幼儿创设适宜的活动环境。

自身准备：着装整洁，已修剪指甲，未佩戴任何首饰，普通话标准，适宜组织本次活动。

物品准备：A4纸、记录本、笔等物品准备齐全。

三、计划

"我的预期目标：①能设计区域划分图；②能说出各个分区的功能；③能说出各个分区要投放的材料。"

四、实施

"下面开始我的展示。"

"家长们，上午好！今天由我来给大家讲解我们班活动室的区域设计图（向考评员展示图纸）。我们整个活动区域是按照动静态交替、干湿区分离的原则来设计的，可以分为以下几大区域：生活体验区、欢动区、建构区、阅读区、美工区、益智区、睡眠区、用餐区、盥洗区（图21-3）。活动区域安全舒适、布局合理、隔断明显、自主开放。"

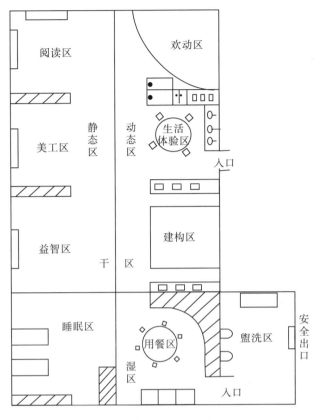

图 21-3　活动室区域创设示意图

"接下来我从入口开始给大家进行一一介绍。首先是生活体验区，这个区域的主要功能是帮助宝宝们体验生活，锻炼生活技能，提高自理能力。"

"往上走是我们的欢动区，这个区域的主要功能是发展宝宝们的感知、运动能力，提高身体协调和平衡能力，增强自我意识，促进心理健康。在这个区域我们会在地板上使用海绵地垫，在墙壁上做软包处理，而且所有的大型器械我们都做了软包和圆角的处理，以尽可能地去保护在这个区域活动的宝宝们。"

"接下来是建构区，建构区的主要功能是促进宝宝们拼接、围合、垒高、延展等建构能力的发展，同时也可以加深宝宝们对空间概念的认识。以上三个区域是我们的动态区。"

"现在来看我们的静态区。从上往下依次看，首先是阅读区，阅读区的主要功能是促进宝宝们的语言表达能力、阅读能力、认知能力、表演能力和社会性情感的发展。"

"阅读区的旁边是美工区，美工区的主要功能是促进宝宝们感觉、知觉的发展和艺术能力的发展。"

"再往下走就是我们的益智区，这个区域主要是促进宝宝们的小肌肉发育、精细动作的发展和手眼协调能力的成熟，促进感觉知觉、专注力、观察力等认知能力的发展。"

"然后就到了睡眠区，这个区域主要是宝宝们睡觉的地方，通过睡眠，可以使宝宝们保存能量，促进代谢产物排出，增强免疫功能，促进生长发育。"

"以上就是我们整个动态区和静态区的介绍，这两个区域同时也是我们的干区。"

"沿着睡眠区再往前走，就是我们的湿区部分了，这些区域都会涉及水的使用，因此在日常生活中老师们会特别注意保持地面的清洁干爽，以免宝宝们滑倒摔伤。首先是我们的用餐区，这个区域主要是用来方便宝宝们进餐，良好的营养供给有利于幼儿的身体健康和发育。最后就是我们的盥洗区了，这个区域是方便宝宝们进行洗漱和排泄的地方。"

"对每个区域，我们都会根据区域功能和特点进行材料的投放。下面我将选取益智区来跟家长们分析材料投放的情况。"

"在益智区，我们会投放的材料有珠子、绳子、拼图、套筒、敲打玩具、分类玩具、图形玩具、容器、大小不一的盒子和瓶子等，宝宝们可以利用这些材料完成串珠、拼图、分类、镶嵌、套叠等活动。这些活动会有一些小型零件的使用，宝宝们进入这个区域进行活动前，我们会对他们进行安全教育，在整个活动中，教师们都会进行专门的安全照护，以免发生意外伤害。"

"以上就是我们整个活动室区域的创设与分析，请家长们给我们提出宝贵意见与建议，谢谢大家！"

整理用物，洗手，记录。"今天向家长们讲解了活动室区域的划分与功能，并对益智区的材料投放进行了分析，家长们听讲认真并提出了意见和建议，我们会按照家长们的意见和建议进行修改。"

"报告考评员老师，活动展示完毕！"

评价活动

一、评价量表

评价量表见表 21-1。

表 21-1　评价量表

评价项目	评价要点	分值	师评分	自评分	组评分	平均分	合计
学习态度 （20分）	按时完成自主学习任务	10					
	认真按讲义练习	5					
	动作轻柔，爱护教具	5					
合作交流 （30分）	按流程规范操作，动作熟练	10					
	按小组分工合作练习	10					
	与家长沟通有效	10					
学习效果 （50分）	按操作评分标准评价（表21-2），将100分折合为50分						
合计							

表 21-2　活动室区域创设的评分标准

考核内容		考核点	分值	评分要求	扣分	得分	备注
评估 （10分）	照护者	着装整齐，普通话标准	3	不规范、不标准扣3分			
	环境	干净、整洁、安全，温、湿度适宜	3	未评估扣3分			
	物品	用物准备齐全	4	未评估扣4分；评估不完整扣1~3分			

续表

考核内容		考核点	分值	评分要求	扣分	得分	备注
计划 (5分)	预期目标	顺利完成并展示活动室区域划分图	3	不完整扣1~3分			
		清晰讲解区域的划分与功能及某一区域的材料投放	2	未讲解扣2分；不完整扣1分			
实施 (75分)	活动室区域设计图	能准确把握活动室区域规划需求，完成预期任务	15	依欠缺程度扣1~15分			
		教育理念科学，设计思路清晰	5	依欠缺程度扣1~5分			
		空间布局合理，区域划分明确	10	依欠缺程度扣1~10分			
	一	讲解详细、准确、全面、条理清晰	10	依欠缺程度扣1~10分			
		语言简洁流畅，状态自然大方	5	依欠缺程度扣1~5分			
		区域划分及功能讲解明晰、完整，适宜婴幼儿活动	15	依欠缺程度扣1~15分			
		材料投放丰富、适宜，能够激发幼儿积极地与环境互动	15	依欠缺程度扣1~15分			
评价 (10分)		讲述具体、清晰，活动室区域设计科学、合理	5	依欠缺程度扣1~5分			
		区域创设具有一定的安全意识	5	缺失扣5分			
总分			100	一			

二、总结与反思

参考文献

[1]彭英．幼儿照护职业技能教材(基础知识)[M]．长沙：湖南科学技术出版社，2020.

[2]彭英．幼儿照护职业技能教材(中级)[M]．长沙：湖南科学技术出版社，2020.

[3]王小英．婴幼儿安全照护[M]．长春：东北师范大学出版社，2022.

[4]李忠红．幼儿语言教育体育活动指导[M]．天津：南开大学出版社，2016.

[5]中国营养学会妇幼营养分会．中国妇幼人群膳食指南2016[M]．北京：人民卫生出版社，2019.

[6]崔焱，仰曙芬．儿科护理[M]．北京：人民卫生出版社，2018.